致青春

刘川 编著

你不能不懂得的
经典哲理

中国华侨出版社
·北京·

图书在版编目 (CIP) 数据

致青春：你不能不懂得的经典哲理 / 刘川编著. —北京：
中国华侨出版社，2014.7（2024.1 重印）
ISBN 978-7-5113-4668-1

Ⅰ．①致… Ⅱ．①刘… Ⅲ．①人生哲学—青年读物
Ⅳ．① B821-49

中国版本图书馆 CIP 数据核字（2014）第 111650 号

致青春：你不能不懂得的经典哲理

编　　著：刘　川
责任编辑：刘晓燕
封面设计：朱晓艳
经　　销：新华书店
开　　本：710 mm×1000 mm　1/16 开　　印张：13　　字数：160 千字
印　　刷：三河市天润建兴印务有限公司
版　　次：2014 年 7 月第 1 版
印　　次：2024 年 1 月第 2 次印刷
书　　号：ISBN 978-7-5113-4668-1
定　　价：49.80 元

中国华侨出版社　北京市朝阳区西坝河东里 77 号楼底商 5 号　邮编：100028
发 行 部：（010）64443051　　传　真：64439708
网　　址：www.oveaschin.com　　E－m a i l：oveaschin@sina.com

如果发现印装质量问题，影响阅读，请与印刷厂联系调换。

前 言
Preface

　　我们在谱写一首动人的诗，那就是青春；我们在描绘一段美丽，那就是青春；我们的存在就是一道风景，因为青春。不要说青春伤痕累累，或许你曾经的憧憬受到了现实的阻挠，或许你的追求还没有得到想要的结果，但你应该知道，不经过冬风的呼啸，哪来春日的和煦？没有青春的苦涩，何来成熟的风姿？青春，是一首不悔的诗。

　　当你拥有青春的时候，可能你并不觉得他有多好。然而倘若时光流逝，后来的某日，你忽然想起那个好得无话不谈的朋友，想起曾经埋藏在心底的悸动，想起曾经那个羞涩、腼腆、稚嫩、纯真的自己，你的心，难免会怅然若失。这些，都是我们对青春最单纯、最美好的记忆，舍不得，却笑着。青春，是回首的好。

　　青春的歌，如诗如画，如云如水，如痴如醉。青春的歌，唱的是怀旧，不忘《朋友》，不忘《同桌的你》；青春的歌，唱的是童心，穿梭在绿水青山之间，飘动的是烂漫与天真；青春的歌，唱的是满满的思念，伴随着那首萨克斯曲《回家》，令人想起远方的牵挂；青春的歌，唱的是动人的故事，一首含情脉脉的《谈心》，碰撞着萌动的心……

炫是青春的特性；甜是青春的味道；美是青春的骄傲。现在的我们拥有人生中最美的一段时光——青春年华，我们可以全力在知识的员海洋中畅游，可以任意在生活的天空中翱翔，慢慢学习、慢慢成熟，慢慢品味人间的真、善、美……然而，青春亦如梦，似水流年，不许人闲。虚度青春，只会等来皱纹的蔓延；等待青春，只会等来岁月的白眼。青春更是一种心境，而非单纯的年华；青春非现于桃面朱唇之艳，灵活矫健之躯，而现于志士之气，遐想之境，激情之盛。生命之泉，涓涌不息，青春才能常绿。

青春，是人类生命激情的赞歌。花季雨季的我们，应该珍爱青春，敞开心扉，感受多彩生命，编织人生梦想，实现精神的成长。"致青春"系列丛书，是我们精心为青少年朋友准备的一份礼物，这里储存了青春的梦想、青春的羞涩、青春的故事、青春的哲理……这里有青春最美好的装饰，这是对青春最贴心的激励，来吧，走在青春旅程上的青年朋友，一起来吧，让我们齐唱青春之歌。

目　录
Contents

1 第一辑
所谓善良：
青春的美丽与珍贵，就在于它的无邪和无瑕

有一种花开在心里，它是一支歌，悠扬悦耳；它是一首诗，真挚感人；它是一幅画，形象逼真。每个人都有一片精神的沃土，你播下善良的种子，就能够享受善良的花朵，收获善良的果实。

2
第 二 辑

所谓自爱：
对自己说句：对不起，这些年没有好好爱你

　　青春的路，走走停停是一种闲适，边走边看是一种优雅，边走边忘是一种豁达。何必把自己逼得那么累，却错过了乐趣，错过了精彩。不如一边追求，一边享受。你认为快乐的，就去寻找；你认为值得的，就去守候；你认为幸福的，就去珍惜。做最真实最漂亮的自己，依心而行，无憾青春。

3 第 三 辑

所谓朋友：
伸出你的手，伸出我的手，便是一条连心线

友情不是一幕短暂的烟火，而是一幅真心的画卷；友情不是一段长久的相识，而是一份交心的相知。一丝真诚，胜过千两黄金；一丝温暖，能抵万里寒霜；一声问候，送来温馨甜蜜；一条短信，捎去万般心意。朋友，就是身边那份充实，是忍不住时刻想拨的号码，是深夜长坐的那杯清茶……

4
第四辑

所谓爱情：
一个人时，善待自己；两个人时，善待对方

如果花开了，就欢喜；如果花落了，就放弃。陪你在路上满心欢喜是因为宜人风景，不是因为你。没有人值得你为他哭，唯一值得你为他哭的那个人，永远都不会让你为了他而哭。

5

第 五 辑

所谓痛苦：
青春是一场无知的奔忙，总会留下颠沛流离的伤

日子总是像从指尖掠过的细纱，在不经意间悄然滑落。那些往日的忧愁，在似水流年的荡涤下随波轻轻地逝去，而留下的欢乐和笑靥在记忆深处历久弥新。

6

所谓坚强：
只有流过血的手指，才能弹出人世间的绝唱

第 六 辑

　　每一个优秀的人，都有一段沉默的时光。那一段时光，付出了很多努力，忍受了孤独和寂寞，不抱怨不诉苦，日后说起时，连自己都能被感动。

7

第 七 辑

所谓信念：
天再高又怎样，踮起脚尖就更接近阳光

春暖花会开！如果你曾经历过冬天，那么你就会遇上春色！如果你有着信念，那么春天一定不会遥远；如果你正在付出，那么总有一天你会拥有满园花开。

8 所谓未来：

希望会使你年轻，因为希望和青春是同胞兄弟

第 八 辑

希望是人生的狂想，激情而不失仰望；希望是今晨的阳光，温暖且就在身旁。怀揣理想，拥抱希望！年轻的你我就能展翅飞翔！

所谓善良：

青春的美丽与珍贵，
就在于它的无邪和无瑕

有一种花开在心里，它是一支歌，悠扬悦耳；它是一首诗，真挚感人；它是一幅画，形象逼真。每个人都有一片精神的沃土，你播下善良的种子，就能够享受善良的花朵，收获善良的果实。

一花引得百花开

寝室有位个子长得矮小的同学，经常受同寝室一位大个子的欺负。一天，小个子正准备上床睡觉，不小心踩了大个子一脚，大个子火冒三丈，不由分说地脱下了自己脚上的那双脏皮鞋，狠狠地扔向了小个子。小个子说了声对不起，默默地睡去。

第二天，大个子起床时，惊讶地发现，自己的那双脏皮鞋，竟被人擦得光洁一新，端端正正地放在自己的床下。这是谁干的呢？

后来，大个子才知道，擦亮自己皮鞋的，竟是那位经常被他欺负的小个子！那天，小个子在大个子熟睡时，悄悄地起床帮大个子擦亮了那双扔向自己的脏皮鞋。大个子羞愧难当，从这以后，大个子好像换了一个人似的，不再欺负弱小，而且经常积极主动地帮同学做一些好事。寝室里的人际关系从此开始变得融洽起来。

一花开不是春天，只有一花引得百花开，那才叫春天。一个人优秀，不足以形成良好的风气，但如果这个人能用自己优秀的品质不断影响别人、融合别人，在他周围就会形成一片和谐的气氛。推而广之，这样的人多了，人类的春天也就来了。

忍与不忍

某大学一个班级里，有一位学生比较胆小怕事，遇事过分忍让。因此，虽然班里的绝大多数同学对他并无恶意，但在不知不觉中总是把他当作是一个理所当然地应该牺牲个人利益的人。看电影时他的票被别人拿走，春游时他被分配给大家看管包儿的任务……但在实际上，他心里非常渴望与别人一样，得到属于自己的那份利益与欢乐。由于他的老实软弱和极度的忍耐，这种事情一直持续了很久。但终于有一天，他忍无可忍了，一向木讷的他来了个总爆发，原来一场十分精彩的演出又没有他的票。他脸色铁青，雷霆万钧，激动的声音使所有人都惊呆了。虽然那场演出的票很少，但是这位同学还是在众目睽睽之下拿走了两张票，摔门而去。大家在惊讶之余似乎也领悟到了什么。但不管怎么说，在后来的日子里，大家对他的态度似乎好多了，再没有人敢未经他的同意便轻易地拿走他的什么东西了。

任何事都怕成定势，一旦造成这种结果，你就会像立在田地里的稻草人一样，连小鸟都敢在你头上拉屎！年轻人血气方刚，多数时候我们需要控制自己的个性，但这也并不是说就要做毫无原则的退让。

远离冷漠

暑假期间，雯雯和妹妹给出差的哥哥看家。夜里 11 点她们被一阵剧烈的打门声惊醒。雯雯惊骇地披衣下床，大声问："谁？"

没有人回答，打门声却未停。巨大的声响在寂静的冬夜里显得粗暴又放肆。

妹妹也下了床，在她身后慌慌地张望。雯雯壮胆又喊了一句："不说话我要叫人了。"

打门声骤然停顿一下，接着便更加疯狂地响了起来。极度的恐惧让她们不敢通过猫眼去看看是什么"东西"在作怪。房内还没装电话，与外界联系的唯一方法只能靠她们的声音了。雯雯和妹妹冲到阳台上，用发抖的声音大喊："来人呀，有贼撬门，救命呀……"

传达室里出来几个人。然而，他们只是朝五楼的她们看了一眼，便回传达室继续玩牌去了。她们清楚地看到左邻右舍仍有未熄灯者，但她们的呼救声就像军营熄灯号一样，令周围顿时陷入一片漆黑。罪恶的打门声掺和着两个女孩的绝望求救声，整整持续了半个钟头。没有听到任何回应，夜显得如此狰狞。

当一切都沉寂下来，雯雯与妹妹颤抖着抱成一团，彼此只听到对方"突突"的心跳。她们穿戴整齐地坐在床上，床头放着两把从厨房里找到地发着寒光的菜刀。

第二天，愤怒的哥哥终于查出事情的真相：住在楼下的一个先生喝醉了酒，认错了房间，以为妻子不给他开门……一个月后，哥哥辞了这份收入颇丰的"铁饭碗"，理由只有一个：他不能让自己处在一个漠视生命的群体中。

这回，保守的父母没有再拦他……

人与人之间应是相互关怀、相互帮助的，任何人都不可能脱离社会而存在，当别人需要帮助时，我们应该怎么办，是漠视还是给予一些热情？不要对自己冷漠，更不要对别人冷漠，年轻人应该让自己活在一个充满温暖、充满情感、充满幸福与快乐的空间中。

一念善心

一个贫穷的小男孩因为要筹够学费，而逐户做着推销，此时，筋疲力尽的他腹中一阵作响。是啊，已经一天没吃东西了！小男孩摸摸口袋——那里只有一角钱，该怎么办呢？思来想去，小男孩决定敲开一家房门，看能不能讨到一口饭吃。

开门的是一位年轻美丽的女孩子，小男孩感到非常窘迫，他不好意思说出自己的请求，临时改了口，讨要一杯水喝。女孩见他似乎很饥饿的样子，于是便拿出了一大杯牛奶。小男孩慢慢将牛奶喝下，礼貌地问道："我应该付多少钱给您？"女孩答道："不需要，你不需要付一分钱。妈妈时常教导我们，帮助别人不应该图回报。"小男孩很感动，他说："那好吧，就请接受我最真挚的感谢吧！"

走在回家的路上，小男孩感到自己浑身充满了力量，他原本是打算退学的，可是现在他似乎看到上帝正对着他微笑。

多年以后，那位女孩得了一种罕见的怪病，生命危在旦夕，当地医生爱莫能助。最后，她被转送到大城市，由专家进行会诊治疗。而此时此刻，当年那个小男孩已经在医学界大有名气，他就是霍华德·凯利医生，而且也参与了医疗方案的制定。

当霍华德·凯利医生看到病人的病历资料时，一个奇怪的想法，确切地说应该是一种预感直涌心头，他直奔病房。是的！躺在病床上的女人，就是曾经帮助过自己的"恩人"，他暗下决心一定要竭尽全力治好自己的恩人。

从那以后，他对这个病人格外照顾，经过不断的努力，手术终于成功了。护士按照凯利医生的要求，将医药费通知单送到他那里，他在通知单上签了字。

而后，通知单送到女患者手中，她一时不敢去看，她确信这可恶的病一定会让自己一贫如洗。然而，当她鼓足勇气打开通知单时，她惊呆了。只见上面写着：医药费——一满杯牛奶——霍华德·凯利医生。

年轻人，在平常的日子里，给马路乞讨者一块蛋糕；为迷路者指点迷津；用心倾听失落者的诉说……这些看似平常的举动，却渗透着我们朴素的爱，折射着来自我们灵魂深处的人格光芒。一念之间，种下一粒善因，他日很有可能就会收获一粒善果。

每天为别人做一件善事

有一位国王，他非常疼爱自己的儿子。缘于父亲的权力，这位年轻王子向来没有一件欲望不能得到满足，真可谓要风得风、要雨得雨。然而，即便如此，王子却时常紧锁眉头，面容戚戚，少现笑容于脸上。

国王对此忧心忡忡，遂下旨招募能人，声明谁能让王子得到快乐，就一定会加以重赏，要官亦可，要钱也无妨。圣旨刚一公布，便引来众多"能人"，这其中包括滑稽大师、杂技大师、博学者，等等，但始终没有一人能够逗得王子一笑。众人束手无策，唯有灰溜溜地一一离去。

有一天，一个大魔术家走进王宫，他对国王说："我有方法能使王子快乐，能将王子的戚容变作笑容。"国王很高兴："假使能办成这件事，你要任何赏赐，我都可以答应。"

魔术家将王子领入一间私室，用白色"不明物"在一张纸上涂了几笔。随后，他将那张纸交给王子，让王子走入一间暗室，然后燃起蜡烛，看看纸上会出现什么。话一说完，魔术家便走了。

这位年轻王子依言而行。在烛光的映照下，他看见那些白色的笔迹化作美丽的绿色，最后变成这样几个字——"每天为别人做一件善事！"王子遵从魔术家的劝告，很快成了全国最快乐的少年。

若是我们能够对生活充满感恩，一直以友好的态度对待他人，常怀善心，多替别人做善事，则我们年轻的生命必然是幸福的。每天为别人做一件善事，你一定会寻找到生活的另一种意义；每天为别人做一件善事，在你向别人表达善意的同时，他们也会给予你相应的回报，你亦会因此而收获快乐。

地狱与天堂

一位虔诚的牧师得到上帝允许，前去参观天堂与地狱。

天使先将他领入一个房间，对其说道："这里就是地狱。"

牧师放眼看去，只见许多人正围着一口热气腾腾的大锅干坐着，他们面黄肌瘦，口水直流，眼中直放绿光，却始终无法进食。原因就在于，他们每人手里虽有一只汤勺，但勺柄太长，根本无法将食物送进口中。

牧师长叹一声，又随天使来到天堂。

牧师惊奇地发现，天堂与地狱的陈设竟然一模一样，同样是一群人围着一口冒着热气的大锅，每人手中同样握有一把勺柄极长的汤匙。所不同的是，这里的人全部精神饱满，面色红润，有吃有喝，有说有笑，显得极为快乐。

牧师不解，问天使："为什么相同条件下，这里的人充满快乐，而那边的人却愁眉不展呢？"

天使微笑着说："难道你没有发现，那边的人都只顾着自己，宁愿饿死，也不肯相互合作，而这里的人都懂得喂对方吗？"

天堂与地狱只是一线之隔，学会分享，你就会置身于天堂之中；放不下自私的情结，你就只能在地狱中沉沦。如果你懂得分享、乐于分享，那么，你的青春将畅通无阻！

垂钓善良

邻居家有个七岁的小女孩，总不肯跟父母去郊外钓鱼，她说，一看到淌血的鱼就心疼。所以，她宁愿每个周六一个人待在家里，也不愿跟父母去钓鱼。

又是一个周末，我听见小女孩的哭声，原来她还是因为不愿与父母一同去钓鱼，被父亲打屁股了。

当我午睡后下楼活动时，看见小女孩在她家三楼的阳台上正挥动着一杆美丽的钓鱼竿。

我很好奇地走过去，问她在干什么。

小女孩高兴地告诉我，她钓了一只蝴蝶，而钓饵是一朵美丽的玫瑰花。

其实，她也喜欢垂钓，但不忍心看到尖锐的鱼钩刺破鱼儿的嘴，而选择一朵花做钓饵。当然这只会吸引些蝴蝶或小蜜蜂，但已令她十分满足。

我为小女孩的美丽、温柔感动了。仰头看她时，阳光斜斜地照在她的脸上，看上去像小天使般动人。

有时候我们会发现，美丽和善良原来是同一回事。

如果你真的感恩

从前有一个秀才准备进京去赶考。半途中不幸被毒蛇咬伤，晕倒在路边。等他醒过来的时候，他发现自己躺在一个破旧的草屋内。"醒过来就好了！"他看见一个大娘端着一碗粥向他走过来，"吃点东西，好快些复原。"大娘对他说。"给您添麻烦了。"秀才接过粥又问道："我怎么会在这里？"

大娘告诉他是她的丈夫在回来的路上看到晕过去的他，就把他背了回来，并在他的伤口上敷上自制的草药。"我们家里也穷，没什么好的，现在就只能煮点粥给你喝。"大娘对秀才说道。

秀才在大娘家休息了一日，次日清晨便又匆匆赶赴京城。

一年后，秀才已是朝廷的六品官员。他一直没有忘记救过他命的大伯和大娘，于是专门抽出时间前来报答他的救命恩人。见到当日的恩人，他不胜感激，拿出银两要老两口收下，说是自己的回报。

大娘说道："我们要是为了钱财就不会救你了！你还记得我们，我们已经十分高兴了。你的银子我们是不会收下的。"秀才还是坚持让老两口留下银了。"我们救了你，不是图你的回报。"大娘又说，"如果你真的想报答我们，那你就把银子收回去，送给更需要它的人吧。"

这时，大伯接着说："我们希望你做一个好官，做一个老百姓爱戴的官。那就是对我们最好的回报了。"

秀才后来果然成为一个人人拥戴的好官。

爱心的付出不企求回报，只希望每个人都像自己一样关爱生活，让我们的世界更加美好。伸出你的双手，放飞你的爱，你的青春会更加美丽。

给他人以梦想

吴奶奶有个小孙子叫小乐，大概有四五岁，那年夏天又从城里到农村的奶奶家来玩。

有一天，小乐兴致勃勃地对吴奶奶说："我长大了也要来农村，种庄稼！"

"那，你想种什么呢？"吴奶奶笑了。"种西瓜。"

"唔，"奶奶快活地眨了眨慈祥的眼睛，"那我们就赶快播种吧！"奶奶帮小乐从邻居阿姨家要来了五粒黑色的大西瓜籽，取来了锄头，在房后一棵大树的树荫下翻松了泥土，然后教小乐把西瓜籽撒了下去，培好了土。他们做完这一切，奶奶对小乐说："接下去就是等待了。"

当时小乐并不懂"等待"是怎么回事，那个下午不知跑了多少趟，去看他种的西瓜；也不知浇了多少次水，把西瓜地变成了一片泥浆。一直到傍晚，小乐连西瓜苗也没有看到。

吃晚饭的时候，性急的小乐问奶奶："我都等了整整一个下午了，还得等多久？"

奶奶笑了笑，没说什么。

第二天早晨，小乐一睡醒了就往瓜地跑。咦！一个大大的、滚圆滚圆的西瓜正瞅着他笑呢！小乐兴奋极了，一边跑一边喊："奶奶！我种出了世界上最大的大西瓜！"

小乐长大些以后，自然知道了那个西瓜是奶奶特意让人放到房后树荫下面的。

有人好奇地问吴奶奶："为什么不告诉小乐，八月不是种西瓜的时节，而且树荫下边也不宜种西瓜……"

吴奶奶说："我是想在一个不懂事的孙子心中播下一颗梦想的种子，让孙子体验一下播种与收获、希望与成功的滋味。"

　　生活中，有很多事物都受到各种外界条件的限制，然而，给他人快乐、希望、梦想和爱心，却可以不受任何条件的限制。

谁捡到这张纸条，我爱你

　　落叶一地。又一个夏天来了，又去了……一个老人孤独地行走在一条寂静的街道上。"快了，还有一年。"他喃喃自语。

　　街口是一个孤儿院。一阵风吹过，孤儿院门前的落叶随风扬起。飞舞的黄叶之中夹杂着的一张纸条，跌落在老人脚旁。

　　老人用颤抖的手拾起了它。纸上是歪歪斜斜几行稚嫩的笔迹。望着这稚嫩的笔迹，老人的泪水不禁掉了下来——

　　"谁捡到这张纸条，我爱你。谁捡到这张纸条，我需要你……"

　　孤儿院矮墙的背后，一个小女孩的脸庞紧紧地贴在玻璃上。老人看着小女孩，心里默默地想着：我也一样，孩子。

　　落叶一地。又一个夏天来了，又去了……小女孩在矮墙背后默默地等了又等，老人却再也没能出现。

　　最后，小女孩似乎明白了什么。她黯然地回到了她的小房间，拿起蜡笔，又开始写着：

　　"谁捡到这张纸条，我爱你。谁捡到这张纸条，我需要你……"

　　每当我们凝视静穆的天宇，生命就像一道流星遽然地划过天际。若不是为了爱，若不是有人需要我们，我们又何必来这人世间走一遭呢？

人的生命渺小如蜉蝣，只因有了爱才变得这么亮丽、富有质地。

爱是生活的依托

邻居养了几只小鸡，它们叽叽喳喳地叫着，在门前的草地上嬉戏。一天晚上，电闪雷鸣，倾盆大雨从天而降。第二天发现只剩下一只小鸡还活着，它奄奄一息地挨了半天，总算打起了精神，鸣叫了几声，仿佛宣告新生命的开始。

从此，草地上经常有只小鸡跑来跑去，开始的时候，它还能够自得其乐地捉些小虫，梳梳羽毛。但慢慢地，它的神情有些呆滞，只是在踱来踱去，像一个满腹心事的老人。

我可以想象得出它在那个狂风暴雨之夜，缩紧全身，紧闭嘴巴与风雨抗争，又是怎样在同伴死后仍积聚身上的一点热量，苦苦坚持着，最后它幸存下来。而现在呢，看着它那病恹恹的样子，我想，也许有一种比闪电惊雷更可怕的东西在逼近它。

几天后，这只幸存者还是死了，它不是死于外来的打击，而是死于没有依靠、没有爱。

小鸡没有死于外来的打击，却死于没有依靠、没有爱，可见感情的重要性。我们的人生之旅若是没有了爱，真的无法想象。生活在一个冷冰冰的物质世界里，机械地活着，那又有什么意义？爱是我们生活的依托，也是我们生活的意义。

究竟谁更美

胡差点儿被挤扁，终于钻进了车门。

胡的座位是临窗的三号。还没坐稳就踩到胡脚的那个小山似的女人，一屁股将四号座位压得"咯吱"直响，一下子，胡的地盘被她侵占去三分之一。盛夏乘车摊上这样的芳邻，真是不幸。

胡这排座位是三、四、五号。五号座位上是位不满20岁的姑娘，一副近视眼镜架在高挺的鼻梁上。胡瞥了她一眼，见她表情丰富的脸上，写满了对四号邻居的厌恶。原来，五号的"疆土"也遭到胖女人的"侵占"。只见五号几乎愤然地急挥纸扇，把胖女人呛人的汗酸味扇到胡这边来。胡心中非常恼火，但又不便说她。

列车在铁轨上飞驰。闷热的空气令人犯困，车上的乘客一半左右都在打盹。四号的眼皮也在合拢。小山似的身躯慢慢向五号位倾斜，胡幸灾乐祸：胖女人灰衣服上那汗渍斑斑的"盐碱地"，可以从俏姑娘那里得到一点香水味了。

五号由表情讨厌到怒气升腾，从"厌而远之"到奋起反击：她架起胳膊肘顶着四号的胖脸。胖女人一定是在梦中喝醉了酒，任你五号怎样明顶暗碰，都撞不开她的梦门。最后五号愤中生智，猛然一闪身，把四号摔倒在座位上，车内一阵窃笑。

四号从突然破碎的梦中惊醒，艰难地支起身，难为情地低下头，玩起自己的胖指头来。

大约过了一个小时，五号姑娘也开始打盹，不由自主，她的秀发委屈地贴在四号的"盐碱地"上。渐渐地，五号的头滑到了四号的胳膊弯中。可胖女人并没有回敬那姑娘一个闪身，反倒尽量保持平稳，让姑娘舒服地依着她。

四号的右臂一定是很累了，她用左手去托扶着右臂。

不知怎么，胡心里泛起一股说不清的滋味，不禁对四号低声说："大嫂，弄醒她吧。"

她答非所问："俺家大妞也这般大，年轻人爱困。"车在颠簸，胡的思绪也在跳动……

人性的美在于宽容、仁爱，不要从外表来判断一个人的美丑，外表常让人迷惑上当，要知道，高尚的心灵才是真正的爱之所在。

摘下你的"有色眼镜"

念大二时，一天早上，平素不爱吃早餐的我破天荒跑到校门口一个早点摊上，买了五个小笼包。小笼包两角一个，我掏了100元钱给摊主，见鬼的是我居然忘记找钱就走了。直到中午掏钱买午饭，我才发觉少了99元钱。

于是，我重新跑到校门口，但卖包子的人已经走了，附近的人说："你过几天再来吧，这个人家里出事了。"我只得失望地返回寝室，但心中还是希望过几天能够要回那99元钱。同室的兄弟知道后，都说："没戏了，你当时没注意，人家不会承认了，况且过了那么久，又是100元钱，人家不要白不要，你以为谁都是雷锋啊！说不定还反咬你一口，说你敲诈勒索呢。"被室友一说，我心里凉了半截。

六天后，卖早点的师傅回来了，我为了顺利拿回钱，甚至准备好了一套谎言，我准备对他说，我是"校长办公室"的，那天因为心急忘了拿"找头"，直到我那位"公安朋友"提醒，我才发觉。

但是，走到那个摊点前，我才说了句："你对我有印象吗？还记得我吗？"卖包子的师傅马上说道："来拿钱的吧，你也太不注意了，钱都不要就走了！"说完，他将99元钱递给我。接过那钱的时候，我才发觉自己准备的谎言竟是多么的龌龊！

许多时候，正是由于我们对自己对他人或者对整个社会存在着这样那样的不信任，才使得我们失去了许多本应该得到的东西。人都有他善良的一面，所以我们最好不要戴着有色眼镜看人，人与人之间多一些信任与尊重，才会更加和谐。

别让美德泛滥

中国台湾著名作家三毛在美国留学时，曾与几名外国女学生同住在一个宿舍。生就具有东方女性美德的三毛，为了能够早日融入这个集体，坚持每天早起，将寝室内一切杂务统统揽到手中。

同室的几个外国女学生散漫成性，内衣、鞋袜到处乱扔，每日起床连被褥都不整理，便草草化妆，扬长而去。日复一日，三毛俨然已经成为她们的"女佣"。

一次，三毛身体不适，精力憔悴，便没有清扫房间。外国女学生回来以后，看到满屋凌乱，便纷纷对三毛发起了攻击。

三毛终于忍无可忍，将一些原本整齐的物件乱扔出去，口中大喊："我也是前来留学的，不是你们花钱雇来的佣人！我凭什么一定要给你们收拾房间？我做了这么多，你们领情吗？你们难道就不会自己动手整理吗？"

一群外国女学生呆住了，此后她们再没有将三毛当作"女佣"看待……

为人宽宏，助人为乐，不计得失，自是值得称赞，但凡事都要有个底线。倘若一味迁就，让美德泛滥，就会助长别人的恶习，让他们感觉你"好欺负"。所以有时，我们也需要适当放下无谓的美德。

美丽的谎言

美国南部一个安静的小镇上，刺耳的枪声划破了午后的沉寂。他是刚入警局不久的年轻助手，今天随警长出警。

一位年轻人倒在地板上，身下有一摊血迹，右手无力地摊开，手枪滚落一旁。身旁的遗书上笔迹凌乱，而他钟爱的女子在昨天与另一个男人走进了教堂。

死者的六位亲友都呆呆地伫立着，他禁不住向他们投去同情的一瞥。他知道他们的哀伤与绝望，不仅是因为一个生命的消逝，还因为对于基督教徒而言，自杀便是在上帝面前犯了罪，他的灵魂从此将在地狱受烈焰焚烧。而风气保守的小镇从此不会有好人家的男孩子约会他们的女儿，也不会有良家女子肯接受他们儿子的戒指与玫瑰。

这时，一直沉默着、紧锁双眉的警长突然开口："不，这是谋杀！"他弯下腰，在死者身上摸索许久，忽然转过头来，用威严的语调问："你们有谁看见他的银挂表了吗？"

那块银挂表，镇上的每个人都认得，是那女子送给年轻人唯一的信物。每个人都记得他是如何每过五分钟便拿出来看一次时间，在阳光下，挂表闪闪发光，仿佛一颗银色的、温柔的心。

所有人都慌忙否认。警长严肃地站起身："如果你们都没有看到，那就一定是凶手拿走了，这是典型的谋财害命。"

死者的亲人号啕大哭起来，仿佛那根压垮骆驼的稻草自他们身上取了下来，而邻居们也开始上门表达他们的慰问和吊唁。警长充满信心地宣布："只要找到银挂表就可以找到凶手了！"

门外，阳光如蜜，风似薄荷，大草原上 5 月滚动的长草像燃烧着的绿色波浪。他对警长的明察秋毫钦佩到无以复加的程度，他问："我们该从哪里找起呢？"

警长的嘴角多了一抹偷偷地笑意，慢慢伸手从口袋里掏出一块挂表。

他忍不住叫出声："难道是……"

警长看着周围广阔的草原，微笑点头："幸好任何人都知道，在大草原上要寻找一个凶手和寻找一株毒草是一样困难的。"

"他明明是自杀，你为什么偏要说是谋杀呢？你让他的家人更加难过了。"

"但是他们不用担心他灵魂的去处，而他们在哭泣过后，还可以好好地生活了。"

"可是偷盗、说谎一样是违背忠诚的呀。"

警长锐利的眼睛盯牢他："年轻人，请相信我，一句因为仁爱而说的谎，连上帝也会装作没有听见。"

那是他遇到的第一桩案子，也是他一生中最重要的一课。

谎话有时并非罪恶，相反却是善意的隐瞒。出于仁义与善良的心愿，谎话有时比真话更显美丽。只要我们的心是真实善良的，才是最重要的。

善良的天敌

喀斯雪原冰封雪盖，白茫茫一片。年年，这儿都有人遭遇雪灾，雪原下的嘎贡老人和他的猎狗莫札就成了这些人的救星和希望。每一个被从雪原救回的人，都亲切地称莫札为救命犬，称呼嘎贡老人为老爹。

又一年，当喀斯雪原再一次被冰雪覆盖时，小木屋又迎来了一个从远方来的人。他对老人说，自己想上雪原去，五天之后，如果没有回来，就请莫札搭救自己。说完，扔下一件衣服一点钱，走了。

那人走后，喀斯雪原迎来了一场罕见的暴风雪，几天几夜，雪如棉团，把大地掩盖得严严实实。五天过去，那个人无影无踪。老人叹口气，在莫札背上绑上食物，然后拿出那人的衣服，让莫札嗅嗅。这次，他并没有让莫札单独上山：雪，太大了，他不放心，他要一块儿去。

于是，一人一狗，走进了漫天风雪中。他们一边走，一边寻找着那人的踪迹。第三天下午，在雪原的一个斜坡下，莫札不走了，用前爪扒。老人知道，那人找到了，忙扒开雪，只见他卧在雪下，早已昏死过去。老人忙掐住他的人中。不久，他长长出了一口气，醒了，嗅到食物的香味，一把从老人手中抓过东西，大口大口地吞咽着。

吃饱喝足，恢复精力，两人一狗走上了回来的路。

可是，由于雪厚难走，他们行进得很慢。这样，原来预备的食物显然是不够的。老人暗暗着急，再加上年纪大了，受不了风寒劳累的侵袭，第二天，就病了。到了第三天，老人实在跟不上了。他拉住那人的手说："我不能拖累你们，你们走吧。"

那人犹豫。老人急了，说："拖带着我一块儿走，最终谁也走不了。"然后，拍着莫札的头，说："给我留点食物，带上它，尽快出去。出去后再让它带些食物来救我。"

莫札"呜呜"地叫，不愿意离开。在老人的一再催促下，那人留下一些食物，扯着莫札走了。走了很远，莫札回过头来，眼睛里满是眼泪。老人，也泪眼婆娑。

终于，看不见老人了。跋涉在雪原上的，只有一人一狗了。经过长时间的饥饿劳累，那人沮丧极了，看着仅有的一点食物，想，哎，这够谁吃啊？

不经意地，他的目光扫向了蹒跚在前面的莫札，眼睛里放出贪婪的光。

又是一个晚上，那人起来准备撒尿，解着裤带。突然，白光一闪，一把雪亮的匕首插进了莫札的胸部。莫札站起来，摇摇晃晃走几步，一下栽在地上，再也没有起来，它的眼中流下泪来，一滴又一滴。至死，它也不知自己错在哪儿。

第二天，那人吃上了香喷喷的狗肉，喝着美酒，感到很惬意。

喀斯雪原上的雪是精神残疾，说来就来，没有定准。第二天，大雪又整整狂泻了一天。在茫茫的雪原上，人如盲人，无头苍蝇一样乱撞，最终，那人也没有走出雪原。

风雪过后，进山的人们在一个大石后发现了这个人的尸体，他离山下小屋只有二十多里的路程了。他的手中，仍紧紧捏着一条狗腿。而在更远处，人们找到了那位善良的老人。他早已死去，可脸上，仍带着微笑。他一定为他又一次救活了一个人而感到幸福吧。人们含泪埋葬了嘎贡老爹和莫札仅有的一条腿。在墓的旁边，掘个坑，埋葬了那个人。并在两座墓前都立了碑，碑文都是两个字，一个是"善良"，另一个是"贪婪"。他们说，他们这样做的目的，就是告诉人们一个道理：贪婪，永远是善良的天敌。

当信用消失时

有一个享尽荣华的富翁死后下了地狱，他对这个判决不服，这是有原因的，在阳间里，他活得很好，有健康，有相貌，有金钱，有荣誉……他几乎什么都有，为什么死去以后要受折磨？他非常不满，一再要求去天堂。

上帝笑了笑，问他："你想去天堂，可是凭什么条件呢？"

富翁于是把他在人世所拥有的一切都说了出来，之后他反问道："所有这些，难道不足以使我上天堂？"

说完之后他扬扬得意地笑了……

上帝待他说完以后，平静地问了一句："难道你不觉得自己身上少了什么东西吗？"

"你已经看到了，我拥有很多东西，完全有资格上天堂！"富翁得意地笑着。

上帝继续引导他："你曾经抛弃了一种最重要的东西，难道你不记得了吗？在人生渡口上，你抛弃了一个人生的背囊，是不是？"

他终于想起来了，年轻时，有一次乘船过海，遇上了大风浪，小船险象环生，老船工让他抛弃一样东西。他想来想去，金钱、相貌、荣誉……他舍不得，最后，他选择了抛弃诚信……可是他还是不服气，争辩道："不能因为这样就让我进入可怕的地狱，我还是有资格上天堂的！"

上帝变得很严肃："可是自那以后你都做了什么？"他回想着……那次回家后，他答应妻子永远不背叛她，答应母亲要好好照顾她，答应朋友要一起做事业，后来……他继续回想着……自己在外面有了情人，母亲因此劝告他，他索性再也不管母亲了，他和朋中友做生意，最后却把朋友的那一份也吞掉了，并且还把朋友送入了监牢……

上帝打断他："看到了吗？丢掉诚信以后，你做了多少背信弃义的事？天堂是圣洁的，怎能让你这种人进去呢？"

他沉默了，他终于明白，自己其实不是无所不有，而是一无所有：爱情、亲情、友情……统统都随诚信而去了。

上帝看着他，说道："一个没有诚信的人，亲友、同事、客户以及所有周边的人都不会再相信他，要与他保持一定的距离，在人间如此，在天堂亦不例外！天堂里不欢迎你这种人，你还是下地狱去吧！"

当信用消失的时候，灵魂也就堕入了地狱。

报恩

有三个正在赶路的人，正赶上河里发大水，桥被淹没了，他们过不了河。往回走，得走几天几夜才能见到有人的村庄，而此时，他们的干粮已经吃光了。他们愁眉不展，等待着命运的判决。

雨又下了一天，他们已经两天没吃东西了，全身也都湿透了，又饿又冷，使他们都发起高烧来。就在他们离死亡不远了的时候，有一条小船从河的上游被水冲了下来，正好卡在他们附近。他们三人拼命地把小船抓牢，乘着小船渡过河，找到人家，吃了饭，吃了药，他们恢复了健康。

这三个人都是大家公认的知恩图报的人，他们找到了那条救他们性命的船，给那条船施三拜九叩的大礼。礼毕，他们三人商议：我们不能忘恩负义，这条船是我们的再生父亲，我们应该带着这条船度过下半生，以报答救命之恩……

从那时起，这三人抬着这条船，不论走到那儿，都不再与船分开……他们成了许多地方一道独特的风景。

知恩图报，应该说是一个善良的人的正常行为，但把"恩"抬一生，会让自己和施恩的人都痛苦、都劳累。你抬着"恩"，无心也无力再做其他事，浪费了生命；"恩"被抬着，也并不自在，也在浪费生命。就像那条船，它的使命在河里，可被报恩的人抬上了远离河的地方，也就变得可悲了。

生命里的放过

小时候自己经历过这样一件事：

那时我们住在粤北一个矿山，那山很高，海拔大约有一千多米，因为这矿山开得久的缘故，平时很少见到野生动物。记得那已是秋天了，一天早晨，房外边一阵异常的喧哗声把我吵醒了，我跑到外边才知道：原来有一头麂子误入了矿区。

这是一头漂亮的小麂子，它有一身淡黄色的小绒毛，上面散落着一些黑色和白色的斑点；它四肢修长，体格并不健壮，却也不失矫健。我父亲和邻居们已把它团团围住了，他们手中都拿着一根木棍。我也随手捡了一块石头，加入了围捕的行列。

呐喊声越来越大，包围圈越缩越小，小麂子正在艰难地左冲右突，它显然已是走投无路了。在绝望中它急速地转了一个圈，环视着四周，此时我忽然与它的双眼对视了。我发现那是一双充满悲哀与凄凉的眼睛，闪动着泪光，生动而真实。我的心灵被震撼了，那双眼睛里有着与人类相通的地方。我觉得它不应该成为人们餐桌上的美味，而应该在大森林里自由自在地生活。

麂子大概看出了我的犹豫，在这电光石火之间，它朝着我这边奋力一跳，姿势是那样优美，距离短到以至于伸手就可以把它抓住。在人们的呼声中，小麂子跳出了包围圈。到手的猎物跑了，我成了邻居们埋怨的对象。

生命中有许多东西是需要放过的。放过，有时是为了求得一份心灵的安宁，有时是为了获得一个更广阔的天空。放过是一种境界，是一种高度。

最好的消息

阿根廷著名高尔夫球手罗伯特·德·温森多在赢得一场锦标赛以后，领到支票的他微笑着从记者的重围中逃出，准备前往停车场取车回俱乐部。这时候，一个年轻女子向他走来，她在向温森多表示祝贺以后又向其哭诉，说自己可怜的孩子得了重病——也许会死掉——而她却不知如何才能支付昂贵的医药费和住院费。

温森多被她的哭诉深深打动，他二话没说，掏出笔在刚赢得的支票上飞快地签了名，然后塞给那个女子。

"这是本次比赛的奖金，祝可怜的孩子早日康复。"他说道。

一个星期以后，温森多正在一家俱乐部进午餐，一位职业高尔夫球联合会的官员走过来，他问温森多："一周前，你是不是遇到一位自称孩子得了重病的年轻女子？"

"是停车场的孩子们告诉我的。"顿了一下，该官员又说道。温森多点了点头。

"哦，对你来说这是个坏消息，"官员说道，"那个女人是个骗子，她根本就没有什么病得很重的孩子。她甚至还没有结婚呢！温森多——你让人给骗了！我的朋友。"

"你是说根本就没有一个小孩子病得快死了？""是这样的，根本就没有。"官员答道。

温森多长吁了一口气。"太好了，又一个小孩脱离了生命危险。这真是我一个星期来听到的最好的消息。"温森多说。

生命，不管它是谁的，都应该珍惜，就像珍惜自己的生命一样！即使被骗又何妨？至少又少了一个小孩有生命危险！能够将糊涂演绎到如此境界，应该称之为伟大。

莫做无谓的纠缠

布莱恩有一次在一家小旅馆住宿。午夜时分，忽然听到浴室中有一种奇怪的声音。过了一会儿，布莱恩看见一只老鼠跳上镜台，然后又跳下地，在地板上做了些怪异的老鼠体操。后来它又跑回浴室，使布莱恩一夜都没睡好觉。

第二天早晨，他对打扫房间的女侍说："这间房里有老鼠，夜里出来，吵了我一夜。"女侍说："这旅馆里没有老鼠。这是头等旅馆，而且所有的房间都刚刚刷过漆。"

布莱恩下楼时对电梯司机说："你们的女侍倒真忠心。我告诉她说昨天晚上有只老鼠吵了我一夜，她说那是我的幻觉。"

没想到，电梯司机说："她说得对。这里绝对没有老鼠！"

布莱恩的话被他们传开了。柜台服务员和门口看门的在他走过时都用怪异的眼光看他。

第二天早晨，他到店里买了只老鼠笼和一包成肉。他把这两件东西包好，偷偷带进旅馆，不让当时值班的员工看见。翌日早晨他起床时，看到老鼠在笼里，既是活的，又没有受伤。他心想，我将证据摆在他们面前，看他们还怎样说我无中生有！

但在他准备走出房门时，忽然间意识到，如此做法，是否有些小题大做，岂不是显得自己太无聊，而且讨厌。于是布莱恩赶快轻轻走回房间，把老鼠放出，让它从窗外宽阔的窗台跑到邻屋的屋顶上去了。半小时后，布莱恩退掉房间，离开旅馆，出门时他把空老鼠笼递给侍者。他发现，厅中的人都向他微笑点头，目送着他推门而去。

如果布莱恩真的将老鼠带给前台，诚然能够证明他并没有说错，但同时他也证明了自己是多么地惹人讨厌。如果他真的这么做，那么他并不是赢家，而只是一个无聊而又可笑的失败者。

我们每天都会经历这样或那样的事。每件事的重要性也不尽相同，有的事情至关重要，而有的，则无关紧要。重要的事情固然应当认真对待，但不要为无聊的小事小题大做，这样无知无谓亦无聊，放下对无谓的细节的纠缠，方能获得内心的畅快与释然。

懂得分享，才能拥有

有一个村庄坐落在海边，村民们平时务农，有时也到海里捕鱼。

一天，村里的一位渔夫带着儿子来到与海相通的大湖边。他想，这个湖既然与海相通，可能会有很多鱼，于是他就在湖边开始钓鱼。

他刚把钓钩扔进湖里，就钩住一个很重的东西，用力拉也拉不动。"看来是钓到一条大鱼了！"他兴奋地想着，不过又想："这么大的一条鱼，如果把它钓起来，被别人看到的话，大家肯定都会跑到这里来钓鱼，那么湖里的鱼很快就会被别人钓完了，所以还是不要告诉别人的好。"

这位渔夫想了一会儿，便告诉儿子："你赶快回去告诉你妈妈，说爸爸钓到了一条很大的鱼，为了不让别人发现，要妈妈想办法和村里的人吵架，吸引大家的注意力，这样就不会有人发现我钓到了一条大鱼。"

儿子很听话地跑回去告诉了妈妈，妈妈心想："只是和人吵架根本无法吸引全村所有人的注意力，我还是想点更好的办法吧。"于是她就把衣服剪出了很多洞，把儿子的衣服当帽子戴，还用墨把眼睛的周围擦得黑黑的。对于自己的扮相她很满意，便离开家在村子里走来走去。

邻居看到她，惊讶地说："你怎么变成这个样子，是不是发疯了？"

她便开始大吼大叫："我才没有发疯！你怎么可以这样侮辱我，我要抓你去村长那里，我要叫村长罚你的钱！"

村民们看到他们拉拉扯扯吵得很厉害，就都跟着来到村长家，看看村长如何判决。

村长听完他们各自的说辞，便对渔夫的妻子说道："你的样子的确很奇怪，不论是谁看了都会问你是不是疯了，所以他不用受罚，该罚的是你！因为你故意打扮得怪模怪样还这样大吵大闹，严重扰乱了村民的生活。"

另一方面，湖边的渔夫在儿子跑回家之后，用力拉钓竿想把鱼拉上来，可是怎么拉也拉不动，他怕再用力会把鱼线拉断，便干脆脱光衣服跳进湖里去抓那条大鱼。

当他潜入湖里，仔细一看，才发现原来鱼钩是被湖底的树枝钩住了，根本就不是钓到什么鱼！他非常地气恼，更为严重的后果是，当他伸手拨开树枝，不料钓钩反弹起来刺伤了他的眼睛！他强忍剧痛爬上岸来，又湿又冷，但是衣服又不知道什么时候被人偷走了，他只好光着身子沿路回村求救。

这对夫妻自私地想独占一湖的鱼，却弄得丈夫被刺伤，妻子要被罚钱，最后他们却一条鱼也没有得到，反而给人留下了笑柄。懂得分享的人，才能拥有一切，当你张开双手的时候，无限世界都是你的，如果你握紧拳头，你所能拥有的就只有掌心一点点的空间。过分在意自己的所有，不肯与人分享，无视他人处在困苦之中的人，终究也会被他人抛弃。

花开了就感谢

女儿睡觉前，除了要给她讲一个故事外，她自己也有一个任务，即要回忆自己一天来所经历的人和事，并要在心中默默"感激"三个人、三件事。

这个"任务"是我安排的，我想让她从小学会看到人生美好的一切，并真心地感恩。一个常常感恩的人，才会惜福，才会快乐，心灵才会圆满温润。

这天晚上，女儿在钢琴边发呆了许久，我以为她困了，便叫她上床睡觉。可她似乎没有什么反应，显然她在深思什么，我便提醒地问她今天"感谢过了"吗？

女儿为难地告诉我，今天，她谢过了为自己剪指甲的奶奶，为她上钢琴课的老师，为他们班做卫生的钟点工以及老天没下雨等，可是，还少一件事需要感谢，想来想去，她不知还要谢什么，正伤脑筋呢。

我建议说，只要让你快乐的事，都值得去感激。这时，女儿歪着头问我，妈妈种的茉莉花，在阳台上开花了，这事令她最开心了，那么香，那么美，她要谢谢花开了！

想不到女儿如此有心，而且诗意盎然。

我也被她感动了。而最初，是花感动了她。

六岁的女儿，已开始会感谢花开；等到秋天，她就会感激硕果；到了冬天，她一定会觉得富饶满足。

心怀感念，我们会生活得更加快乐和幸福。生活中有很多值得我们感激的人和事，是他们，让我们拥有了现在的一切。想到生命中有这么多的事物在支撑着我们，我们该知足了。

感谢那只手

感恩节的前夕，美国芝加哥的一家报纸向一位小学女教师约稿，希望得到一些家境贫寒的孩子画的图画，图画的内容是他们想感谢的东西。

孩子们高兴地在白纸上描画起来。女教师猜想这些贫民区的孩子们想要感谢的东西是很少的，可能大多数孩子会画上餐桌上的火鸡或冰激凌等。

当小道格拉斯交上他的画时，她吃了一惊：他画的是一只大手。

是谁的手？这个抽象的表现使她迷惑不解。孩子们也纷纷猜测。一个说："这准是上帝的手。"另一个说："是农夫的手，因为农夫喂养了火鸡。"

女教师走到小道格拉斯——这个皮肤棕黑、又瘦又小、头发蜷曲的孩子面前，低头问他：

"能告诉我你画的是谁的手吗？"

"这是你的手，老师。"孩子小声答道。

她回想起来了，在放学后，她常常拉着他的黏糊糊的小手，送孩子们走一段。他家很穷，父亲常喝酒，母亲体弱多病，没工作，小道格拉斯破旧的衣服总是脏兮兮的。当然，她也常拉别的孩子的手。可这只老师的手对小道格拉斯却有非凡的意义，他要感谢这只手。

我们每个人都有要感谢的，其中不仅有物质上的给予，而且也包括精神上的支持，比如得到了自信和机会。

对很多给予者来说，也许这种给予是微不足道的，可它的作用却常常难以估量。因此，我们每个人都应尽自己的所能，给予别人。

那把钥匙

20 世纪 80 年代初期，传媒曾纷纷报道过当代军人朱伯儒挽救失足青年的事迹，其中最典型的一例是他与窃贼的故事：一名盗窃犯刑满释放后，虽然也曾四处奔走找工作，但是工作和生活仍没有着落，于是，他又产生了"破缸子破摔"的想法。朱伯儒得知此事后，便将那位青年请到家中，用父辈的爱去温暖那颗被社会冷落的心。朱伯儒临出门上班时，将家里的钥匙交给了那个人，那人顿时手足无措，他不解地问道："我是一个贼，你为什么还要把钥匙交给我保管？"朱伯儒拍了拍年轻人的肩，诚恳地说道："因为我相信你早已洗心革面、重新做人了！"年轻人产生了触及灵魂的震撼。面对一身正气、满腔爱心的朱伯儒说："你的一句话比我五年的监狱改造还更有力量。"

一把钥匙就这样开启了一个良知未泯的心灵。那把钥匙，就叫信任。

信任一个人，就是给他注入新的激情；信任一个人，同样也可以激发他的潜能。

有一位肩负重任的年轻军官，在执行一项特殊任务时，由于筹划失当准备不足等种种原因，结果一败涂地、狼狈不堪。被训斥时，一件意想不到的事情发生了，上校不仅没有责怪他，反而不假思索地将另一项同样重要而危险的任务交给了他。而他出色地完成了任务，并因功受到了上级嘉奖。战友们也替他高兴，纷纷向他表示祝贺。令人诧异的是，年轻的军官脸色一变，几乎是非常生气地喊道："我还有别的选择吗？我辜负了他，而他却仍然信任我。"

信任的力量足可以摧毁人生之路上的一切大敌。

在经历过多次的冷漠之后，我们往往会慨叹人心难测。海阔天空无所不谈的人们却将自己的真实思想与情感都封存在内心深处，在滚滚人流中行走，却关闭了那扇感知恩情的心扉。

不必抱怨人间冷暖，世态炎凉，其实，那些蒙尘的心灵也渴望与人交流，只要你拥有信任的钥匙，那些关闭的心灵都会纷纷向你敞开。

美丽的裙子

邻居一位八岁的女孩刚被她父母从乡下老家接回城时，十分粗野，动不动就张口骂人，不如意时甚至倒在地上打滚，很不讨人喜欢。起初，她的父母曾动用拳脚加以"驯化"，结果适得其反，女孩更变本加厉地撒泼耍横。后来连她的父母也彻底地失望了。

有一天，隔壁一位退休女教师送给女孩一条洁白的连衣裙。那真是一条美丽的裙子，女孩第一眼看到它，两只眼睛就变得亮晶晶的。女孩穿上裙子以后，再也不打人骂人，更不倒在地上打滚了。她知道，如果她像以前那样撒野打滚，她便配不上这条美丽的裙子。就这样，这个女孩穿上了美丽的裙子后，变得斯文、干净、可爱起来。而且从她向退休女教师投去感激的一个微笑后，许多人也能看到她笑起来时荡漾在两腮上的甜甜的小酒窝了。

也许，每一个人的心里都有一条美丽的裙子吧，只是有些人把它遗忘或丢弃了。我们常常没有意识到美也是一种力量和武器，可以用它去唤醒别人沉睡于心底的那份与生俱来的东西。确实，美的震慑力是无与伦比的，就像最善良、慈祥、宽容的母亲的那双眼睛。

善意无价

克拉克的父亲带着他排队买票看马戏。排了老半天，终于盼到在他们和卖票口之间只隔着一家人。这家人让克拉克印象深刻：他们有八个在 12 岁之下的小孩。他们穿着便宜的衣服，看来虽然没有什么钱，但全身干干净净的，举止很乖巧。排队时，他们两个人排成一排，手牵手跟在父母的身后。他们很兴奋地叽叽喳喳谈论着小丑和大象。克拉克想："今晚想必是这些孩子们生活中最快乐的时刻了。"

他们的父母神气地站在一排人的最前端，这个母亲挽着这个父亲的手，看着她的丈夫，好像在说："你真像个佩着光荣勋章的骑士。"而沐浴在骄傲中的他也微笑着，凝视着他的妻子，好像在回答："没错，我就是你说的那个样子。"

卖票女郎问这个父亲："你要多少张票？"

他神气地回答："请给我 8 张小孩的票和两张大人的票，我带全家人来看马戏。"

然而，得到售票员的回答后，这人的妻子扭过头，把脸垂得低低的。这个父亲的嘴唇颤抖了，他倾身向前，问："你刚刚说是多少钱？"售票员又报了一次价格。

这人的钱显然不够。但他怎能转身告诉那八个兴致勃勃的小孩，他没有足够的钱带他们看马戏？

克拉克的父亲目睹了一切。他悄悄地把手伸进口袋，把一张 20 美元的钞票拉了出来，让它掉在地上（事实上，克拉克家一点儿也不富有），他又蹲下来，捡起钞票，拍拍那人的肩膀，说："对不起，先生，这是你口袋里掉出来的！"

　　这人当然知道原因。他并没有乞求任何人伸出援手，但深深地感激有人在他绝望、心碎、困窘的时刻帮了忙。他直视着克拉克父亲的眼睛，用双手握住克拉克父亲的手，把那张 20 美元的钞票紧紧夹在中间，他的嘴唇在发抖，泪水忽然滑落他的脸颊，他回答道："谢谢，谢谢您，先生，这对我和我的家庭意义重大。"

　　克拉克和父亲那晚并没有进去看马戏，但克拉克觉得自己的收获更大。

　　20 美元并不是一个天文数字，看上去甚至都有些微不足道。但是很小的恩惠而施得及时，对受惠的人就有很大的价值。不要吝啬你对他人的帮助，哪怕是一次善意的微笑，一个鼓励的眼神，一声轻轻的问候。

所谓自爱：

对自己说句：对不起，
这些年没有好好爱你

青春的路，走走停停是一种闲适，边走边看是一种优雅，边走边忘是一种豁达。何必把自己逼得那么累，却错过了乐趣，错过了精彩。不如一边追求，一边享受。你认为快乐的，就去寻找；你认为值得的，就去守候；你认为幸福的，就去珍惜。做最真实最漂亮的自己，依心而行，无憾青春。

小小的瑕疵

某日，一位古董商到我家里做客，我便尽出所藏，请他鉴赏评价。我拿出的第一件东西，是块田黄印石，长约四寸。

"这值不了什么钱！"古董商说，"因为上一段有裂纹，下半截有杂质，只有中间一小块完美。"

"我当年是以高价买的！"我大吃一惊。

"你听我说完哪！"古董商笑着说，"你如果把上下两截锯掉，只留中段，价钱就倍于此了。"

接着他展开我收藏的一幅古画："是名家手笔，可惜右边破损了一块，修补之后总是看得出来，倒不如将右侧整个切除，价钱要比补了之后还高得多。"

最后，我取出了传家之宝的黄瓷盖碗。

"这个盖子早该扔了。"古董商一见便说，"不连盖子，要比连盖子容易卖，价钱也好。"

"怎么会有这种道理呢？"我很不服气，"有盖反比无盖来得便宜？"

"当然！因为盖子有缺损，你想想看，当买主看到这件东西，发现盖子已破，还会买吗？"他把盖子放在案上，并将碗捧到我的面前，"可是这样子，几人知道还有个盖子呢？于是买主只当那是只完美无缺的碗，而会爱不忍释了！"

"同样的道理！"他又指着印石和画说，"你切去杂质之后，大家只见那是块难得温润美好的田黄，有谁知道原来要大得多；而那画没几人看过，切了边仍是不错的构图，谁会想到已比原作少了半截？"

人们总会注意那小小的疵缺，而忽略大体的美好……其实，有缺陷并不是一件坏事。正确地看待自己的不足，有什么不好呢？

不要为小事烦恼

这是一名美国青年讲述的故事：

1945 年 3 月，我在中南半岛附近 83 米深的海下潜水艇里，学到了一生中最重要的一课。

当时我们从雷达上发现了一支日本军舰队朝我们开来，我们发射了几枚鱼雷，但没有击中其中任何一艘军舰。这个时候，日军发现了我们，一艘布雷舰直向我们开来。三分钟后，天崩地裂，六枚深水炸弹在潜水艇四周炸开，把我们直压到海底 83 米深的地方。深水炸弹不停地投下，整整持续了 15 个小时。其中，有十几枚炸弹就在离我们 15 米左右的地方爆炸。真危险呀！倘若再近一点的话，潜艇就会被炸出一个洞来。

我们奉命静躺在自己的床上，保持镇定。我吓得不知如何呼吸，我不停地对自己说：这下死定了……潜水艇内的温度高达四十多摄氏度，可我却怕得全身发冷，一阵阵冒虚汗。15 个小时后，攻击停止了，显然是那艘布雷舰用光了所有的炸弹后开走了。

这 15 个小时，我感觉好像有 1500 万年。我过去的生活一一浮现在眼前，那些曾经让我烦忧过的无聊小事更是记得特别清晰——没钱买房子，没钱买汽车，没钱给妻子买好衣服，还有为了点芝麻小事和妻子吵架，还为额头上一个小疤发过愁……

可是，这些令人发愁的事，在深水炸弹威胁生命时，显得那么荒谬、渺小。我对自己发誓，如果我还有机会再看到太阳和星星的话，我永远不会再为这些小事忧愁了！

这是经过大灾大难才悟出的人生箴言！

在美国科罗拉多州长山的山坡上，有一棵大树，岁月不曾使它枯萎，闪电不曾将它击倒，狂风暴雨不曾将它动摇，但最后它却被一群小甲虫的持续咬噬给毁掉了。人们有时不会被大石头绊倒，却会因小石子摔倒。

做精神的主人

有个小和尚为什么事都发愁。他之所以忧虑，是因为觉得自己太瘦了；是因为觉得现在过的生活不够好；是因为担心自己给别人的印象不佳；是因为觉得自己得了胃病，无法继续读经书……

小和尚决定到九华山去旅行，希望换个环境会对自己有所帮助。小和尚上路前，师父交给他一封信，并告诉他，一定要到九华山之后才能打开。

小和尚来到九华山以后，觉得比在自己的寺庙中更难过，因此，他拆开那封信，想看看师父写的到底是什么。

师父在信上写道："徒儿，你现在离咱们的寺庙三百多里，但你并不觉得有什么不一样，对不对？我知道你不会觉得有什么不同，因为你还带着麻烦的根源——也就是你自己。其实，无论是你的身体还是精神，都没有什么毛病，因为烦恼并不是因为环境使你受到挫折，而是由于你对各种情况的想象。总之，一个人心里想什么，他就会成为什么样子，当你了解这点以后，就回来吧。因为那样你就已经好了。"

师父的信令小和尚非常生气，他觉得自己需要的是同情，而不是教训。

当时，小和尚一气之下便决定永远不回自己的寺庙了。当晚，经过一座小庙，因为没有别的地方可去，他便进去和一位老和尚攀谈起来。老和尚反复强调："能征服精神的人，强过能攻城占地的人。"

小和尚坐在蒲团上，认真聆听着老和尚的教诲——他的想法竟然与师父不约而同！细细思考之下，小和尚顿时觉得自己愚蠢至极——他曾想改变世界上的所有人，而真正需要改变的，正是自己的心态。

翌日一早，小和尚便收拾行囊回庙去了。当晚，他就平静而愉快地读起了经书。

人心的平静不在于你身在何处，能否从生活中得到快乐，也不在于你身边是什么样的人。只要你能摒弃杂念，以积极健康的心态去面对人生，就一定能够实现自己的心愿。

笑是最美丽的音符

20 世纪 80 年代，美国加州一位六岁小女孩，在马路上"莫名其妙"地受到一位陌生人的馈赠，金额竟是——四万美元！消息一经传出，整个加州为之沸腾了。

媒体纷纷登门拜访："亲爱的，那个路人你认识吗？他是你的亲戚吗？

平白无故送你四万美元，他的脑筋是不是有点问题……"

小女孩甜甜一笑："不，我们并不认识，他也不是我的亲戚，我感觉……他的脑筋应该也是正常的！不过，我并不知道他为什么要给我这么多钱……"尽管记者绞尽脑汁，但始终无法从小姑娘口中问出个所以然。

最后，在父亲的慢慢诱导下，小女孩终于给出了一个略有头绪的答复："那天我在路边玩耍，他从路边走过，我对着他微微笑了一下，后来他就给了我四万美元。"

"那他有说什么吗？"父亲问道。

小女孩想了想："他说'你天使一样的笑容，化解了我多年的苦闷！'爸爸，'苦闷'是什么啊？"

原来，路人是一个并不快乐的富翁，小女孩的微笑使富翁感到了温暖，打开了他封闭已久的心门。于是，富翁对这个微笑给予了回报——四万美元。

在阳光明媚的日子中，笑足以令人神清气爽；在寒风刺骨的冬季，笑足以让人感受到春天的回归；蒙娜丽莎的微笑，曾令多少人为之倾倒……笑是最美丽的音符，它足以打开纠缠于心中多年的死结。年轻人，请不要在痛苦中继续彷徨，用你的笑容去化解心中的苦闷吧！

做最好的自己

美国北卡罗来纳州的艾迪·奥瑞得太太讲述了她的一段亲身经历："当我还是小孩子时，就非常敏感、害羞，那时我的体重远超过正常标准，加上圆圆的脸颊，使我看起来更显得胖拙。我的母亲是一位思想古板且保守的旧时代女性，她认为把自己打扮得漂漂亮亮，是一件非常愚蠢的事情。她经常告诉我，衣服要穿得宽松一点才像样，因此从小我的穿着就是宽宽大大的，毫无美感可言。我从没参加过派对，也没有自己的娱乐，上学时，我从不加入同学的游戏中，更别提体育活动了。那时我就发觉，自己的害羞几乎是一种病态，大家都用异样的眼光来看我，很显然，我已经不受大家的欢迎了。长大以后，嫁给大我几岁的丈夫，但是结婚并没有改变我。我的婆家是一个大家族，他们认为理所当然的事，我却没有经历过，为了能和他们打成一片，我尽力改变我自己，想成为他们中的一员。可是，我却无法达成心愿，每当他们想要帮助我脱离生活阴影时，往往会使我的内心更为紧缩。

"从此，我的性情变得非常紧张与暴躁，不再和朋友接触，此后，我的情况愈来愈糟，甚至听到门铃响都会害怕，我自觉已经无药可救。

但是，我又害怕丈夫知道我的隐痛，所以，每当我们一起出现在公共场合时，我就会刻意去表现自己的交际能力，但是很不幸，我却常因表现过度而导致适得其反。我的日子愈来愈难过，我的内心产生一种强烈的感觉，就是不想再在这个世界上多待一分钟。

"后来我突然开窍了。仅仅是被指点了一下，就改变了我的一生。有一天，婆婆和我谈起她教育孩子的方式，她常对子女说'不论遭遇什么事，都要坚持自我……''坚持自我'——它到底是什么？这个意念在我脑海中盘旋着，突然间我领悟到，这些年来，就是因为我一直在想成为一个不是自己的人，才使我陷入了痛苦的深渊。第二天我就整个改变过来了，我开始有了自我的生活，我试着去了解自己的个性、去了解自己到底是一个怎样的人以及自己的优点。我绞尽脑汁在服装的配色与样式上把'自我'给穿出来，我伸出双手走向人群，我还加入了一个小规模的社团。当他们第一次安排我演出时，我在台上手忙脚乱，不知所措。但是，就是在一次次的演出中，我的勇气被磨炼出来了。经过一段时间，我终于尝到了以前做梦也不敢想的快乐滋味。自从有了孩子以后，我也经常以此来教育他们。"

有缺漏、不完美是世间的真相。人生有一点缺陷，可以激发我们向上、向善的力量。不要因容貌而闷闷不乐，肌肤毛发原本是受之于父母的，我们无法选择，但除此之外我们还有很多其他选择，这些对于我们的人生更有意义！

储备阳光

田野里住着田鼠一家。夏天快要过去了，它们开始储备干果、稻谷和其他食物，准备过冬。只有一只田鼠例外，它的名字叫作弗雷德里克。

"弗雷德里克，你怎么不干活呀？"其他田鼠问道。"我有活干呀！"弗雷德里克回答。

"那么，你储备什么呢？"

"我储备阳光、颜色和单词。"

"什么？"其他田鼠吃了一惊，相互看了看，以为这是一个笑话，笑了起来。

弗雷德里克没有理会，继续工作。

冬季来了，天气变得很冷很冷。

其他田鼠想到了弗雷德里克，跑去问它："弗雷德里克，你打算怎么过冬呢，你储备的东西呢？"

"你们先闭上眼睛。"弗雷德里克说。

田鼠们有点奇怪，但还是闭上了眼睛。

弗雷德里克拿出第一件储备品，说："这是我储备的阳光。"昏暗的洞穴顿时变得晴朗，田鼠们感到很温暖。

它们又问："还有颜色呢？"

弗雷德里克开始描述红的花、绿的叶和黄的稻谷，说得那么生动，田鼠们仿佛真的看到了夏季田野的美丽景象。

它们又问："那么，你的那些单词呢？"

弗雷德里克于是讲了一个动人的故事，田鼠们听得入了迷。

最后，它们变得兴高采烈，欢呼雀跃："弗雷德里克，你真是一个诗人！"

人生如四季，也有阴晴圆缺，无论何时何地，总难免有不愉快的事情发生。但是只要你选择了阳光，你的心灵就永远充满灿烂和温暖。

杯子与水

我们喝的是水，而不是杯子，为何偏偏要去在意杯子的好坏？这或许就是我们烦恼的根源所在。

几位同窗去拜访大学老师，觥筹交错之际，乘着酒性众人纷纷诉说起自己的不如意，诸如工作压力太大、竞争中受挫、商场失利、生活琐事太多，等等。老师听后微笑不语，只是吩咐师娘不断地为大家加菜、添饭。

餐后，老师自厨房取出一大堆杯子摆在茶几上，杯子的形态各异，其中有陶瓷的，有玻璃的，有塑料的，有的杯子看起来高贵典雅，有的杯子看起来粗陋低廉。接着老师对大家说道："你们都是我的学生，我也就不客套了，谁要是口渴了，就自己倒点水喝吧。"

众人说了半天，早已经口干舌燥，听老师这样一说，也不再客套，于是纷纷拿起自己看中的杯子倒起水来。等到最后一位同学也将杯子注满以后，老师发话了："不知道你们是否注意到了，大家挑的都是最好看、最精致的杯子，而那些不起眼的杯子，却摆在那里无人问津。"

众人并不觉得奇怪——谁不希望自己手中是一只好看的杯子？只听老师继续说道："这就是你们烦恼的根源所在。大家喝的是水，而不是杯子，但我们却会下意识地选择漂亮水杯。这就像我们的生活，若将生活比作水，钱财、工作、名利就是盛水的杯子，它的好坏并不会影响水的质量。如果你一直将目光盯在杯子上，就无法体会到水的甘甜。"

原来一切很简单

住在田边的蚂蚱对住在路边的蚂蚱说："你这里太危险，搬来跟我住吧！"路边的蚂蚱说："我已经习惯了，懒得搬了。"几天后，田边的蚂蚱去探望路边的蚂蚱，却发现它已被车轧死了。

——原来掌握命运的方法很简单，远离懒惰就可以了。

一只小鸡破壳而出的时候，刚好有只乌龟经过，从此以后，小鸡就打算背着蛋壳过一生。它受了很多苦，直到有一天，它遇到了一只大公鸡。

——原来摆脱沉重的负荷很简单，寻求名师指点就可以了。

一个孩子对母亲说："妈妈你今天好漂亮。"母亲问："为什么？"孩子说："因为妈妈今天一天都没有生气。"

——原来要拥有漂亮很简单，只要不生气就可以了。

一位农夫，叫他的孩子每天在田地里辛勤工作，朋友对他说："你不需要让孩子如此辛苦，农作物一样会长得很好的。"农夫回答说："我不是在培养农作物，我是在培养我的孩子。"

——原来快乐很简单，只要放弃多余的包袱就可以了。

在五光十色的现代世界中，我们往往因为所思、所想、所求太过复杂而丧失了对幸福的体会能力，其实，只要能变得简单一些，你就会获得快乐。

人生勿攀比

昏暗的别墅中，一只小皮球突然穿过窗户，飞进走廊，落到了楼道的一角。

守门人的孩子——一个14岁的小姑娘——瘸着腿过去捡球。可怜的孩子被电车轧断了一条腿，现在有机会给别人捡捡球，对她而言也是快乐的。

走廊很暗，微弱的光线下，她看到墙角有个东西动了一下。

"喂，小猫咪！你怎么跑到这儿来了？"装着假腿的姑娘一边说着，一边急急忙忙去捡球。

被小姑娘看成猫咪的，其实是一只又老又丑的大老鼠。它吃了一惊，这辈子还没人这样客气地和它谈过话。人们看见它总是那样厌恶，不是拿石块砸它，就是吓得慌忙跑掉，它何曾受过如此的优待？

老鼠有生以来第一次想着：如果我生下来就是一只猫，那该有多好啊，一切都会是另一个样子。

甚至——如果生下来是个有一条木腿的小姑娘，那……它继续幻想着。

人总是在不经意地与别人攀比，从而生出诸多烦恼，进而迷失了自我，让本有的幸福与自己擦肩而过。如果我们能够保持一颗平和的心，快乐一定离你不会太远。

忧郁而死的老虎

有两只老虎，一只在笼子里，一只在野地里。

在笼子里的老虎三餐无忧，在野外的老虎自由自在。两只老虎经常进行亲切的交谈。笼子里的老虎总是羡慕外面老虎的自由，外面的老虎却羡慕笼子里的老虎安逸。一天，一只老虎对另一只老虎说："咱们换一换。"另一只老虎同意了。

于是，笼子里的老虎走进了大自然，野地里的老虎走进了笼子。从笼子里走出来的老虎高高兴兴，在旷野里拼命地奔跑；走进笼子的老虎也十分快乐，它再不用为食物而发愁。

但不久，两只老虎都死了。

一只是饥饿而死，一只是忧郁而死。从笼子中走出的老虎获得了自由，却没有同时获得捕食的本领；走进笼子的老虎获得了安逸，却没有获得在狭小空间生活的心境。

适合的才是最好的。许多时候，我们往往对自己所拥有的幸福熟视无睹，却觉得别人的幸福很耀眼。想不到，别人的幸福也许对自己并不适合；更想不到，别人的幸福也许正是自己的坟墓。

乡下老鼠和城市老鼠

《伊索寓言》中有一个关于乡下老鼠和城市老鼠的故事：城市老鼠和乡下老鼠是好朋友。有一天，乡下老鼠写了一封信给城市老鼠，信上这么写着："城市老鼠兄，有空请到我家来玩，在这里，可享受乡间的美景和新鲜的空气，过着悠闲的生活，不知意下如何？"

城市老鼠接到信后，高兴得不得了，立刻动身前往乡下。到那里后，乡下老鼠拿出很多大麦和小麦，放在城市老鼠面前。城市老鼠不以为然地说："你怎么能够老是过这种清贫的生活呢？住在这里，除了不缺食物，什么也没有，多么乏味呀！还是到我家玩吧，我会好好招待你的。"乡下老鼠于是就跟着城市老鼠进城去。

乡下老鼠看到那么豪华、干净的房子，非常羡慕。想到自己在乡下从早到晚，都在农田上奔跑，以大麦和小麦为食物，冬天还得在那寒冷的雪地上搜集粮食，夏天更是累得满身大汗，和城市老鼠比起来，自己实在太不幸了。

聊了一会儿，它们就爬到餐桌上开始享受美味的食物。突然，"砰"的一声，门开了，有人走了进来。它们吓了一跳，飞也似的躲进墙角的洞里。

乡下老鼠吓得忘了饥饿，想了一会儿，戴起帽子，对城市老鼠说："乡下平静的生活，还是比较适合我。这里虽然有豪华的房子和美味的食物，但每天都紧张兮兮的，倒不如回乡下吃麦子来得快活。"说罢，乡下老鼠就离开都市回乡下去了。

这则寓言使我们看到不同个性、习惯的老鼠，喜欢不同的生活。即使它们都曾经对别人的世界感到好奇，但是，它们最后还是都回归到自己所熟悉的生活中，并且都能得到各自简单而快乐的生活。

很多人总是会情不自禁地羡慕别人的生活，以为那就是最快乐的享受。

其实，不切实际地改变自己，不但得不到简单和快乐，反而会给自己增添许多大大小小的麻烦和苦恼。

其实根本没人在意

一位留学生与同学在洛杉矶的朋友路易斯家吃饭，分菜时，路易斯有些细节问题没有注意，客人也没有注意，而且即使发现也不会在意。可是主人的妻子竟毫不留情地当众指责他："路易斯，你是怎么搞的！难道这么简单的分菜，你就永远都学不会吗？"接着她又对众人说："没办法，他就是这样，做什么都糊里糊涂的。"

诚然，路易斯确实没有做好，但这……该留学生真佩服这位美国友人，竟然能与妻子相处十余年而没有离婚。在他看来，宁可舒舒服服地在北京街头吃肉夹馍，也不愿意一面听着妻子唠叨，一面吃鱼翅、龙虾。

不久以后，该留学生和妻子请几位朋友来家中吃饭。就在客人即将登门之时，妻子突然发现有两条餐巾的颜色无法与桌布相匹配，留学生急忙来到厨房，却发现那两条餐巾已经送去消毒了。这怎么办？

客人马上就要到了，再去买显然已经来不及了，夫妻二人急得团团转。但该人转念一想："我为什么要让这个错误毁了一个美好的晚上呢？"于是，他决定将此事放下，好好享受这顿晚餐。

事实上他做到了，而且，根本就没有一个人注意到餐巾的不匹配问题。

我们根本没有必要把那些芝麻绿豆大的小事放在心上，做人不妨马虎一点，将那些无关紧要的烦恼抛到九霄云外，如此你会发现，生命中突然多了很多阳光。

金鸟就在身边

从前，有一个樵夫，靠每天上山砍柴为生，日复一日地过着平凡的日子。

有一天，樵夫跟往常一样上山去砍柴，在路上捡到一只受伤的银鸟，银鸟全身包裹着闪闪发光的银色羽毛。樵夫欣喜地说："啊！我这辈子从来没有看到过这么漂亮的鸟！"于是他把银鸟带回家，专心替银鸟疗伤。

在疗伤的日子里，银鸟每天唱歌给樵夫听，樵夫过着快乐的日子。有一天，有个人看到樵夫的银鸟，告诉樵夫他看到过金鸟，金鸟比银鸟漂亮上千倍，而且，歌也唱得比银鸟更好听。樵夫想，原来还有金鸟啊！

从此，樵夫每天只想着金鸟，也不再仔细聆听银鸟清脆的歌声，日子越来越不快乐。一天，樵夫坐在门外，望着金黄的夕阳，想着金鸟到底有多美。此时，银鸟的伤已经康复，准备离去。银鸟飞到樵夫的身旁，最后一次唱歌给樵夫听，樵夫听完，只是感慨地说："你的羽毛虽然很漂亮，但是比不上金鸟的美丽，你的歌声虽然好听，但是比不上金鸟的动听。"银鸟唱完歌，在樵夫身旁绕了三圈告别，向金黄的夕阳飞去。

樵夫望着银鸟，突然发现银鸟在夕阳的照射下，变成了美丽的金鸟。梦寐以求的金鸟，就在那里，只是，金鸟已经飞走了，飞得远远的，再也不会回来。

人往往在不知不觉之中成了樵夫，自己却不知道，因而和樵夫一样不知道原来金鸟就在自己身边。只希望大家都不要无意间变成了樵夫。

你越是拒绝在你现状中寻求可以令你满意的事物，你的不满就会持续得越久。你愈不满，就愈沮丧，愈乞求于期望、憧憬。与其埋怨你目前的处境，倒不如珍惜目前所拥有的一切，愉快地过平常人的生活。

满掌阳光

姑姑总是不由自主地在同事和朋友面前提到她的女儿："小姑娘多伶俐可爱，可惜我实在太忙，不得不把她寄养在亲戚家里。"姑姑兴致勃勃的时候，甚至购买许多花衣服，之后，笑逐颜开地赠送给我们姐妹。

其实，姑姑一生没嫁，亦没过继子女。但是全家一直替她保守着这个秘密，直到她仙逝。姑姑是个各方面均成功的女性，唯独没有婚姻，没有女儿，所以比起她的谎言，她个人生活的缺憾更让人同情。我们体谅她理解她，在潜意识中替她勾勒并完美着女儿的形象。姑姑的岁月里一直存在一个女儿的，那就是对女儿的渴望。

——女作家三毛的亲友经过调查披露，三毛书中的爱情故事多属虚构。

所以，当我从报纸上看到这一则消息的时候，满心都是眼泪。

也许是三毛缠着荷西要结婚；也许荷西仅是潜水师而并非工程师；也许荷西并不是为了三毛才去撒哈拉沙漠；也许他们的爱情并不……但这又有何妨？敏感而多情的三毛一直用心血一个字一个字地描绘她心目中的爱人和爱情，她远离故土，居住在环境恶劣的撒哈拉大沙漠，身体弱，难道不可以有所寄托，有所幻想，有所憧憬？为何一定要揭开一个善良女人的面纱，袒露她身上的所有瑕疵呢？

我宁可相信三毛的爱情故事，在书中，在想象中，在一切美好的事物中。

我想起小时候的一件事情，父亲摊开两只宽大的手，给我看上面有什么。

"满掌阳光。"我喜悦地叫。

父亲笑了，他还想试图解释，但话到唇边，止住了。

手掌的背面，是一大片阴影。一面明，一面暗，这才是摊开的手的全部内容。但是，我宁可偏信满手都是阳光。这也一定是父亲的美好心愿。

世界的一切都是具有多面性的，有其阳光的一面，则必有其灰暗的一面。人活着，不就是为了追逐阳光，一步步远离黑暗的吗？我们的生活纵然还有很多不完美，但只要有了追求，就能逐渐走近完美。

欢乐鱼市

有一次，英国游客杰克到美国观光，导游说西雅图有个很特殊的鱼市场，在那里，买鱼是一种享受。和杰克同行的朋友听说以后，都感觉很好奇。

那天，天气不是很好，但杰克发现市场并非鱼腥扑鼻，迎面而来的是鱼贩们欢快的笑声。他们面带笑容，像合作无间的棒球队员，让冰冻的鱼像棒球一样在空中飞来飞去。大家互相唱和："啊，五条鲫鱼飞明尼苏达去了。""八只蜂蟹飞到堪萨斯。"这是多么和谐的生活，充满乐趣和欢笑。

杰克问当地的鱼贩："你们在这种环境下工作，为什么会保持愉快的心情呢？"

鱼贩说："事实上，几年前这里简直毫无生气可言，大家整天抱怨。后来，众人认为与其抱怨，不如改变工作的品质。于是，大家不再抱怨生活的本身，而是把卖鱼当成一种艺术。再后来，一个创意接着一个创意，一串笑声接着另一串笑声，我们成了鱼市场中的奇迹。"鱼贩又说："大伙练久了，人人身手不凡，可以和马戏团演员相媲美。这种工作气氛影响了附近的上班族，他们常到这里用餐，分享我们的好心情。一些无法提升团队士气的主管，甚至还专程跑来咨询。"

据说，有时鱼贩们还会邀请顾客参加接鱼游戏。即使惧怕鱼腥的人，也很乐意在热情的掌声中一试再试。每个愁眉不展的人进了鱼市场，最后都会笑逐颜开地离开，手中还会提满情不自禁买下的货，内心似乎也悟出了一点道理。

生活对待每一个人都是公平的，关键是你的心态。其实，真正的天堂就在我们心中，只要我们拿得起、放得下，生活就会充满快乐。

不过损失两美元

山姆是一个画家，而且是一个很不错的画家。他画快乐的世界，因为他自己就是一个快乐的人。不过没人买他的画，因此他偶尔难免会有些伤感，但只是一会儿的时间。

"玩玩足球彩票吧！"朋友劝他，"只花两美元就有可能赢很多钱。"

于是山姆花两美元买了一张彩票，并且真的中了彩！他赚了500万美元。

"你瞧！"朋友对他说，"你多走运啊！现在你还经常画画吗？""我现在只画支票上的数字！"山姆笑道。

于是，山姆买了一幢别墅并对它进行了一番装饰。他很有品位，买了很多东西，其中包括：阿富汗地毯、维也纳橱柜、佛罗伦萨小桌、迈森瓷器，还有古老的威尼斯吊灯。

山姆满足地坐下来，点燃一支香烟，静静地享受着自己的幸福。突然，他感到自己很孤单，他想去看看朋友，于是便把烟蒂一扔，匆匆走出门去。

烟头静静地躺在地上，躺在华丽的阿富汗地毯上……一个小时后，别墅变成一片火海，它完全被烧毁了。

朋友们在得知这一消息以后，都赶来安慰山姆："山姆，你真是不幸！"

"我有何不幸呢？"山姆问道。

"损失啊！山姆，你现在什么都没有了。"朋友们说。"什么呀？我只不过损失了两美元而已。"山姆答道。

年轻人，我们未来要走的路还很长，每个人都会面临无数次选择。这些选择，可能会使我们的生活充满烦恼，使我们不断失去本不想失去的东西。但同样是这些选择，却又让我们在不断地获得。我们失去的，也许永远无法弥补，但我们得到的却是别人无法体会到的、独特的人生。

珍惜现在拥有的一切

一位虔诚的信徒在向上帝祷告时，诉说了自己的愿望：他希望能拥有一位温顺可人、高挑美丽的妻子；希望妻子能为他生下两个聪慧的儿子；希望自己能拥有一栋别墅，别墅的后面最好带有一座美丽的花园；希望自己还能拥有一辆法拉利跑车。

上帝给予了他祝福，祝愿他的梦想能够早日成真。

后来，这位虔诚的信徒果然娶到一位温柔美丽的妻子，只是妻子的身材并不高挑；妻子为他生下两个聪慧的孩子，只不过不是儿子，都是女儿；他用半生的积蓄买下了一座大房子，但并不是别墅，只是普通的民宅而已；房子的后面是有一片空地，但并没有种花，而是被妻子种下了食用的蔬菜；他确实拥有一辆汽车，但不是"法拉利"跑车，而是做出租车用的"福特"。

上帝竟然骗了我！信徒祷告时懊恼地向上帝抱怨："我一直如此虔诚地膜拜您，您为什么还要耍弄我？"

"哦，我不过是想给你一些惊喜。何况，你也没有给我我想要的东西。"

"您也有所求？您想要的是什么？"信徒感到不可思议。

"我希望你能因为我给你的东西感到快乐。"上帝一字一句说出了自己的愿望。

信徒顿悟，生活的真谛原来就是为拥有而快乐。

理想和现实之间永远会有差距，这正是上帝用来区分聪明人和蠢人的标准。聪明人会永远带着感恩的心去享受现实，而蠢人则会将手边的快乐随意丢弃。还需要抱怨吗？将对人生的不满统统赶走，珍惜你所拥有的一切吧！

你从不曾被抛弃

一个在孤儿院长大的男孩讲述着他的故事：

我自幼便失去了双亲。九岁时，我进了伦敦附近的一所孤儿院。这里与其说是孤儿院，不如说是监狱。白天，我们必须工作 14 小时，有时在花园，有时在厨房，有时在田野。日复一日，生活上没有任何调剂，一年中仅有一个休息日，那就是圣诞节。在这一天，每个人还可以分到一个甜橘，以欢庆基督的降世。

这就是一切，没有香甜的食物，没有玩具，甚至连仅有的甜橘，也唯有一整年没犯错的孩子才能得到。

这圣诞节的甜橘就是我们整年的盼望。

又是一个圣诞节，但圣诞节对我而言，简直就是世界末日。当其他孩子列队从院长面前走过，并分得一个甜橘时，我必须站在房间的一角看着。这就是对我在那年夏天，要从孤儿院逃走的处罚。

礼物分完以后，孩子们可以到院中玩耍；但我必须回到房间，并且整天都得躺在床上。我心里是那么悲伤，我感到无比羞愧，我吞声饮泣，觉得活着毫无意义！

这时，我听到房间有脚步声，一只手拉开了我蜷缩其下的盖被。我抬头一看，一个名叫维立的小男孩站在我的床前，他右手拿着一个甜橘，向我递来。我疑惑不解——哪多出的一个甜橘呢？看看维立，再看看甜橘，我真的被搞糊涂了，这其中必定暗藏玄机。

突然，我了解了，这甜橘已经去了皮，当我再近些看时，便全明白了，我的泪水夺眶而出。我伸手去接，发现自己必须好好地捏紧，否则这甜橘就会一瓣瓣散落。

原来，有十个孩子在院中商量并最后决定——让我也能有一个甜橘过圣诞节。

就这样，他们每人剥下一瓣橘子，再小心组合成一个新的、好看的、圆圆的甜橘。这个甜橘是我一生中得到的最好的圣诞礼物，它让我领会到了真诚、可贵的友情。重点在于，那些同伴并不愿意让这个"坏孩子"受到惩罚。

当你觉得自己被生活抛弃时，其实并没有，还有足够的温暖，足以融化你冰封的心。

正视人生之门

有个人很迷茫、很惊恐，因为他每晚都会做同一个梦，他梦见自己走在长廊上，走到尽头时，突然出现了一道门。面对这扇门，他感到全身发抖、冷汗直流，他实在没用勇气去开启这扇门。就这样，他被这个"噩梦"整整纠缠了20年的时间，也四处寻找心理医师治疗了20年。

后来，他找到一位老者，将梦中的情形一一向对方道出。

老者沉思片刻，说道："你为何不把门打开看看呢？！最多只是一死嘛！"该人想想也有道理，于是当晚在梦中，他便鼓起勇气推开了那扇门……

翌日，他又来找老者。

老者问他："门打开了吗？"他点点头回答："打开了！"

老者问："结果呢？门后有什么？"

该人回答："门打开以后，眼前出现的是一片绿油油的草地，有灿烂的阳光、美丽的蝴蝶……"

人生之所以会有很多烦恼，就是在于多数人不敢打开生活的心灵之门。如果你果断尝试，把那些无端的烦恼抛到九霄云外，你就能够感受到生活的幸福和快乐。但如果你一直害怕去面对，一直畏缩不前，你就只能一直被烦恼所困扰。

不要违背事物发展的规律

唐玄宗开元年间，怀让禅师在南岳衡山般若寺修行。他发现有一个叫道一的年轻僧人每天都在山中的一块大石头上苦练坐禅，无论刮风下雨、严寒酷暑从不间断。一天，大师问正在坐禅的道一："你为何每天苦练坐禅？"道一答："希望成佛！"

第二天一大早，道一正准备去坐禅，却看见怀让禅师在一块大石头上不停地磨着一块砖头，他觉得很奇怪，于是问："大师，你磨砖头干什么？""磨好了当镜子用。""镜子是铜磨成的，砖头磨得再平也照不见人呀！""不，只要我用心地磨，它一定能成为一面镜子！"大师说完又低下头，认真地磨起了那块砖头。

道一急了大声地说："大师，你就是把砖头磨得没有了它还是变不成镜子，你这叫偏执，在没有弄通事物的道理之前就去盲目执着地追求，你是一定不会成功的！"怀让大师听后笑了笑说："好吧，既然是这样我就不磨它了。"

第三天早上，道一又去坐禅，路上看见一辆牛车陷在泥坑里，牛在车前悠闲地啃着路边的青草，怀让禅师却正用鞭子抽打着陷住了的车。道一看不过去了，走过去对禅师说："大师你应该用鞭子打牛才对，你怎么拼命打车呢？"禅师看了道一一眼说："是车不走，又不是牛不走，不打车反而叫我打牛是何道理呀？"道一说："万物都有个根本，这车是牛拉它才会走，牛就是这辆车能够往前走的根本，你不抓根本，反而去扯枝叶，就是把车打烂了车还是不会动！"

大师看着道一说："既然砖头磨不成镜子，打牛车才能走，那你整天坐禅又怎么能坐成佛呢？道理挂在嘴上永远只是道理，只有按照道理去做才能大彻大悟，不然你是不会成佛的！"

道一听后如饮醍醐，顿时清醒。从此他下山云游，最终得悟大道。做人，不能一味死守着自己的想法，当你全力以赴却毫无效果时，不妨仔细想想，自己是不是违背了事物发展的规律。

顺其自然，自会水清见底

北方的一个农家小院里严重缺水，院子里有一个大缸，盛接雨水，用来洗衣服。此刻，一个小女孩正在生着闷气，原来，是几个淘气的孩子把这缸水搅得浑浑浊浊的。而每当她闻声而来，那几个淘气包早就跑得无影无踪了，小女孩气得直跺脚。奶奶看她被几缸水弄得心神不宁，便安慰她道："你的心怎么比水缸里的水还容易混乱？那些恶作剧的孩子，你越在乎，他们就越高兴，如果不理他们，时间一长，他们就只会觉得自讨没趣。不要担心水，只要不去管它，它最后会变清的。"听了奶奶的话，小女孩不再去理会那群调皮的孩子。他们果然很快就失去了兴趣，水，自然也就澄清了。

那群淘气的孩子就如同淘气的命运，总是时不时地给你捣点乱，被搅浑的水，则如同遭遇困境的人生，然而只要不过分在意，以平和的心态坦然应对，正如睿智的奶奶所开导的那样，顺其自然，自然会柳暗花明、水清见底。

3

所谓朋友：

伸出你的手，伸出我的手，
便是一条连心线

友情不是一幕短暂的烟火，而是一幅真心的画卷；友情不是一段长久的相识，而是一份交心的相知。一丝真诚，胜过千两黄金；一丝温暖，能抵万里寒霜；一声问候，送来温馨甜蜜；一条短信，捎去万般心意。朋友，就是身边那份充实，是忍不住时刻想拨的号码，是深夜长坐的那杯清茶……

朋友比世界上所有的财产都更有价值

一个富人有十个儿子。当他快要死去时郑重地向他们宣告，他有 1000 个金币，他会分给他们每人 100 个金币。

然而，随着时间的推移，他失去了一部分钱，只剩下 950 个金币了。他给了前面的九个儿子每人 100 个金币，对最小的儿子说："我只剩下 50 个金币了。其中，我还得拿出 30 个来作为丧葬费。因此只能给你 20 个金币。但是我有十个朋友，我把他们告诉你，他们要胜过 1000 个金币。"

富人把最小的儿子托给了他的朋友们。

富人死后九个儿子各自走了，最小的儿子慢慢地花着留给他的那些钱。当他只剩下最后一个金币时，他决定用它来招待父亲的十个朋友。

他们和他一块儿吃了喝了，然后互相说道："所有弟兄中他是唯一仍然关心我们的一个，他这么好心好意，我们也应该有所报答。"

于是，他们每人给了富人的小儿子一头怀着崽的母牛和一些钱。等到牛犊生下，他把它们卖掉，用那些钱做生意。上天赐福，他比他的父亲更富有。

于是他说："确实，我父亲说得对，朋友比世界上所有的财富都更有价值。"

钻石固然永恒，但是作为它的主人，你能够把它拥有到几时？在这个变幻莫测的世界里，还有许多东西是永垂不朽的，使我们产生无限向往和理想，这是我们心灵源泉的神圣指导。那些奇迹的力量，及心灵的力量，轮番出现在我们四周，倾听我们的差遣，并为使我们获得最高得益提供一切帮助。它们可以信任，它们可以依赖。

当我们进入社会，目睹了生活中许多大人物，他们的自尊心十分脆弱，以至唯有靠礼物和财产才能使他们活下去。所以我们就依样画葫芦，依靠金钱来使别人对我们产生深刻的印象，并且往往花钱去购买友谊。我们不能察觉到朋友的美好，也不能乐观地发现朋友其实比金钱更加可贵。

所谓朋友

有两个人非常要好，彼此不分你我。

一日，他们在沙漠中迷失方向，干渴时刻威胁着他们的生命。上帝为考验他们的友情，就对二人说：前面的树上有两个苹果，一大一小，吃了大的就能平安走出沙漠。两人听了，都让对方吃那个大的，坚持自己要吃小的。争执到最后，谁也没说服谁，两人都迷迷糊糊睡着了。

不知过了多久，其中一个突然醒来，却发现他的朋友早向前走去。于是他急忙走到那棵树下，发现两个苹果只剩下了一个。摘下来一看，很小很小。他顿时感到朋友欺骗了自己，于是怀着悲愤与失望的心情向前走去。

突然，他发现朋友昏倒在前方，便毫不犹豫地跑了过去，小心翼翼地将朋友抱起。这时他惊异地发现：朋友手中紧紧地攥着一个苹果，而那个苹果比他手中的小了许多。

他们抵挡住了苹果的诱惑，经受住了沙漠的考验，最终赢得了上帝的赞许！什么才是真正的友情？他二人已经为我们做出了完美的诠释。

　　所谓挚友，即要在危难之际相互扶助，在富贵之时不忘彼此；一方有错，另一方能够诤言相劝，一方有所成，另一方能够真心喝彩。然而，这世间又有多少人能够做得到呢？其实，朋友无论相识多久，只要能够做到真诚以待，便是朋友。朋友不会在你失意之时嘲讽你，不会落井下石；朋友在你有难之时不会冷眼旁观。真正的友情或许略逊于爱情，略低于亲情，但它同样会陪伴你度过一生，直到永久……

献血

　　这是发生在越南的一个故事。

　　几发迫击炮弹突然落在一个小村庄的一所由传教士创办的孤儿院里。传教士和两名儿童当场被炸死，还有几名儿童受伤，其中有一个小姑娘，大约八岁。

　　村里人立刻向附近的小镇要求紧急医护救援，这个小镇和美军有通讯联系。终于，美国海军的一名医生和护士带着救护用品赶到。经过查看，这个小姑娘的伤很严重，如果不立刻抢救，她就会因为休克和流血过多而死去。

　　输血迫在眉睫，但得有一个与她血型相同的献血者。经过迅速验血表明，两名美国人都和她的血型不符，但几名未受伤的孤儿却可以给她输血。

　　医生用夹杂着英语的越南语，护士讲着仅相当于高中水平的法语，加上临时编出来的大量手势，竭力想让他们幼小而惊恐的听众知道，如果他们不能补足这个小姑娘失去的血，她一定会死去。

　　他们询问是否有人愿意献血。一阵沉默做了回答。每个人都睁大了眼睛迷惑地望着他们。过了一会儿一只小手缓慢而颤抖地举了起来，但忽然又放下了，然后又一次举起来。

"噢，谢谢你。"护士用法语说，"你叫什么名字？"

"麦克。"小男孩很快躺在草垫上。他的胳膊被酒精擦拭以后，一根针扎进他的血管。

输血过程中，麦克一动不动，一句话也不说。

过了一会儿，他忽然抽泣了一下，全身颤抖，并迅速用一只手捂住了脸。

"疼吗？麦克？"医生问道。他摇摇头，但一会儿，他又开始呜咽，并再一次试图用手掩盖他的痛苦。医生问他是否针刺痛了他，他又摇了摇头。

医疗队觉得显然有点不对头。就在此刻，一名越南护士赶来援助。她看见小男孩痛苦的样子，用极快地越语向他询问，听完他的回答，护士用轻柔的声音安慰他。片刻之后，他停止了哭泣，用疑惑的目光看着那位越南护士。护士向他点点头，一种消除了顾虑与痛苦的释然表情立刻浮现在他的脸上。

越南护士轻声对两位美国人说："他以为自己就要死了，他误会了你们的意思。他以为你们让他把所有的鲜血都给那个小姑娘，以便让她活下来。"

"但是他为什么愿意这样做呢？"海军护士问。

这个越南护士转身问这个小男孩："你为什么愿意这样做呢？"小男孩只回答："因为她是我的朋友。"

别林斯基说："真正的朋友不把友谊挂在口上，他们并不为了友谊而互相要求一点什么，而是彼此为对方做一切办得到的事。"小男孩在误认为输血会死人的情况下，依然能够答应为朋友献血，这看似平凡的举动，并不是每一个自称为朋友的人都能做出来的。

生死契约

很久很久以前，有一个名叫柱子的年轻人触犯了国王。柱子被判绞刑，在某个法定的日子要被无辜处死。

柱子是个孝子，在临死之前，他希望能与远在百里之外的母亲见最后一面。国王感其诚孝，决定让柱子回家与母亲相见，但条件是必须找到一个人来替他坐牢。

这是一个看似简单其实近乎不可能实现的条件。有谁肯冒着被杀头的危险替别人坐牢，这岂不是自寻死路？但，茫茫人海，就有人不怕死，而且真的愿意替别人坐牢，他就是柱子的朋友阿蒙。

阿蒙住进牢房以后，柱子回家与母亲诀别。人们都静静地看着事态的发展。日子如水，柱子一去不回头。眼看刑期在即，柱子也没有回来的迹象。人们一时间议论纷纷，都说阿蒙上了柱子的当。

行刑日是个雨天，当阿蒙被押赴刑场之时，围观的人都在笑他的愚蠢，那真叫愚不可及，幸灾乐祸的大有人在。但，刑车上的阿蒙，不但面无惧色，反而有一种慷慨赴死的豪情。追魂炮被点燃了，鬼头刀也已经压在阿蒙的脖子上。有胆小的人吓得紧闭了双眼，他们在内心深处为阿蒙深深地惋惜，并痛恨那个出卖朋友的小人柱子。

但是，就在这千钧一发之际，在淋漓的风雨中，柱子飞奔而来，他高喊着：我回来了！我回来了！

这真正是人世间最感人的一幕，大多数的人都以为自己在梦中，但事实不容怀疑。这个消息宛如长了翅膀，很快便传到了国王的耳中。国王亲自赶到刑场，他要亲眼看一看自己优秀的子民。最终，国王万分喜悦地为柱子松了绑，并亲口赦免了他的死刑。

人之一生，最看重的事情莫过于生死，倘若一个人能将生死置之度外，恪守自己的契约，那么他势必会得到所有人的尊重。

倒下的战友

一个士兵向中尉请示是否可以允许他到战壕外的"无人区"带回倒下的战友。

"可以，"中尉说，"但是你要考虑好，你可能因此而送命，为了带回你那多半已经牺牲的朋友，我认为你这样做并不值得。"中尉的忠告并没有打消士兵的念头，他冲出了战壕。

这个士兵奇迹般地背着战友返回来了，就在离战壕仅仅几米远的时候，他中弹了，但是他还是坚持着背着战友一起摔进了战壕。中尉给士兵检查了伤情，摇了摇头说："我告诉过你了，这不值得。你的朋友已经死了，而你也受了重伤。"

"这是值得的，长官。"

"什么？值得？你的朋友已经死了啊！"

这个士兵忍着痛楚笑了笑说："是的，他是死了，但我做的是值得的。因为，我到他身边的时候，他还活着，当我抱着他时听到他说：'伙计，我就知道你会来的。'"

无论亲情、爱情还是友情，真正的感情能让人将生死置之度外。危难之中见真情，这样的感情才是弥足珍贵的。

知己知彼不容易

一位少年去拜访年长的智者。

他问：我如何才能变成一个自己愉快，也能够给别人愉快的人呢？智者笑着望着他说："孩子，你有这样的愿望，已经是很难得了。

很多比你年长的人，从他们问的问题本身就可以看出，不管给他们多少解释，都不可能让他们明白真正重要的道理，就只好让他们那样好了。"

少年满怀虔诚地听着，脸上没有丝毫得意之色。

智者接着说："我送给你四句话。第一句话是，把自己当成别人。

你能说说这句话的含义吗？"少年回答说："是不是说，在我感到忧伤的时候，就把自己当成是别人，这样痛苦就自然减轻了；当我欣喜若狂之时，把自己当成别人，那些狂喜也会变得平淡中和一些？"

智者微微点头，接着说："第二句话，把别人当成自己。"

少年沉思一会儿，说："这样就可以真正同情别人的不幸，理解别人的需求，而且在别人需要的时候给予恰当的帮助。"

智者两眼发光，继续说道："第三句话，把别人当成别人。"

少年说："这句话的意思是不是说，要充分地尊重每个人的独立性，任何情形下都不可侵犯他人的核心领地？"

智者哈哈大笑："很好，很好，孺子可教也。第四句话是，把自己当成自己。这句话理解起来太难了，留着你以后慢慢品味吧。"

少年说："这句话的含义，我一时体会不出。但这四句话之间有许多自相矛盾之处，我怎样才能把它们统一起来呢？"

智者说："很简单，用一生的时间去领悟。"少年沉默了很久，然后叩首告别。

后来少年变成了壮年人，又变成了老人。再后来在他离开这个世界很久以后，人人都还时时提到他的名字。人们都说他是一位智者，因为他是一个愉快的人。

能够认识别人，是一种智慧；能够被别人认识，是一种幸福；能够自己认识自己就是圣者贤人。人最难的是正确认识自己，能够清醒地做到这一点，也就近乎一个纯粹完美的人。

生活中许多人因为不能正确认识自己，而陷于自卑或者自大的误区，因为不能正确认识别人，而常常莽撞地冒犯别人，不知道如何与别人相处。

知己知彼，不是一朝一夕的事，而是需要一生的时间去阅历。

宽恕朋友的过错

一次战争中，某部队与敌军在森林中相遇，一番激战过后，两名士兵与所在部队失去了联系，而且他们还是来自同一城市的老乡。

二人在大森林中迷失了方向，他们艰难地走着，不断地互相鼓励、互相安慰。七八天过去了，他们仍未走出森林，找到部队。这一天，二人猎获了一只狍子，靠着这份保障，他们又苦熬过了数日。或许是战争的烟火惊扰了森林中的动物们，使它们逃向了别处，此后二人再没猎到过任何大型的动物，只能以一些松鼠、鸟雀充饥。

破船更遇打头风，这一天，二人再次与敌人相遇，一阵交锋过后，他们巧妙地避开了敌人的追击，但是——子弹已然所剩无几，每人身上也只剩下了一些松鸭肉。就在他们自以为已经安全时，突然"砰"的一声，走在前面的士兵中弹倒地。索性"敌人"的枪法不准，这一枪打在了肩头上！后面的士兵慌忙跑上前去，他的身子在发抖，他语无伦次，抱着战友痛哭不已。随后，他颤抖着将自己的军装撕碎，帮他包好伤口。

当晚，未受伤的士兵发起了高烧，迷迷糊糊中他一直喊着自己母亲的名字。这时，二人都以为自己将命丧于此，他们甚至不相信自己能熬过这一夜，但尽管这样，他们谁也没有去吃自己身上的松鸭肉。第二天，部队找到了他们……

40年后，已入古稀之年的老士兵坦言："我知道当时是谁向我开的那一枪，他就是与我共患难的战友！——当他抱住我时，我感到了枪管的灼热。我无论如何也想不明白，他为什么要打出这一枪。但事实上，当晚我就原谅了他，因为我听到他在大叫自己母亲的名字。我恍然大悟，他是想要我身上的松鸭肉，他是想为自己的母亲活下来，这难道不值得原谅吗？此后30年，我一直装作一无所知。可惜的是，他母亲还是没有等到他回来便离世了。那天，我们一起去祭拜老人家，他在墓前跪了下来，要我宽恕他，我打断了他的话，没有让他继续说下去，这样我们又做了十年的朋友。"

以宽恕朋友的过错，来诠释宽容真谛，这无疑是一种博大的胸怀，是一种"一笑泯恩仇"的洒脱，是一种令人感动的仁爱。

只需怀揣两块糖，慷慨地与人分享

那是一个阳光明媚的午后，在山西一个偏远而清苦的山村，来自大洋彼岸的金发女孩玛丽亚，正在心中慨叹这里的生活实在太穷困了。忽然，她的目光被一株百年老树下那位白发苍苍的老妇人吸引过去了。老人衣着简单，微眯着眼睛，一脸慈祥地跟一个小男孩说笑着。玛丽亚好奇地停下脚步，不远不近地站定了。她听到老人给小男孩出了一个字谜："一人本姓王，怀揣两块糖。"那个小男孩显然此前听说过这个字谜，立刻大声回答："是金。"老人满意地咧嘴笑了，从贴胸的衣兜里掏出两块水果糖，一块递给男孩，一块送到自己嘴里，两人甜甜地吮吸着，似乎正享受着无边的幸福。

玛丽亚羡慕地望着面前这被快乐包围着的一老一少。蓦然，她想起了祖母的那栋带大花园的漂亮别墅，想起常常邀请一帮孩子到家中分享她的糖果和故事的祖母，想起祖母和孩子一样单纯而畅快的笑声。原来，快乐和幸福，就像阳光一样无所不在。一个人，无论身处怎样的境遇，无论是富庶还是清贫，只要他怀揣着两块糖，一块慷慨地赠人，一块留下自己慢慢品尝，就自有真实的快乐如泉涌来，自有绵绵的幸福飘逸在生活当中。

就是那两块普通的水果糖和那两张纯朴的笑脸，让玛丽亚做了一个一生骄傲的选择——留在中国西部，做一名帮贫助困的志愿者，播撒更多的快乐和幸福。

后来，玛丽亚和村里人一起劳动，给村里的孩子上课，还帮着山村招商引资，办起了 个产品加工厂，让那里的山民的日子 天天富裕起来。村民感激地称她是"幸福天使"，她却笑着说自己只是与大家一起分享了兜里的两块糖，她还要感谢大家呢，因为与他们在一起追求、奋斗的那些日子，让她发现自己原来还能够做那么多的事情，让她品味到从前所没有品味到的无比的甜蜜。

多么简单的事情啊，不需要太多的寻寻觅觅，不需要太多的权衡论证，只需怀揣两块糖，慷慨地与人分享，就完全可以拥有快乐的时光，就可以拥有幸福的人生。

一句话、一个微笑

20世纪30年代，一位犹太传教士每天早晨总是按时到一条乡间土路上散步。他见到任何人，总是热情地打一声招呼："早安。"

其中，有一个叫米勒的年轻农民，对传教士这声问候，起初反映冷漠。然而，年轻人的冷漠，未曾改变传教士的热情，每天早上，他仍然给这个一脸冷漠的年轻人道一声早安。终于有一天，这个年轻人脱下帽子，也向传教士道一声："早安。"

好几年过去了，纳粹党上台执政。

这一天，传教士与村中所有的人，被纳粹党集中起来，送往集中营。在下火车、列队前行的时候，有一个手拿指挥棒的指挥官，在前面挥动着棒子，叫道："左，右。"被指向左边的是死路一条，被指向右边的则还有生还的机会。

传教士的名字被这位指挥官点到了，他浑身颤抖，走上前去。当他无望地抬起头来，眼睛一下子和指挥官的眼睛相遇了。

传教士习惯地脱口而出："早安，米勒先生。"

米勒先生虽然没有过多的表情变化，但仍禁不住还了一句问候："早安。"声音低得只有他们两人才能听到。最后的结果是：传教士被指向了右边——意思是生还者。

人是很容易被感动的，而感动一个人靠的未必都是慷慨的施舍，巨大的投入。往往一个热情的问候，温馨的微笑，也足以在人的心灵中洒下一片阳光。

不要低估了一句话、一个微笑的作用，它很可能使一个不相识的人走近你，甚至爱上你，成为开启你幸福之门的一把钥匙，成为你走上柳暗花明之境的一盏明灯。有时候，"人缘"的获得就是这样"廉价"而简单。

扔出窗外的纸条

他和她一直很要好，除了学习，他们还偷偷传纸条儿来联络感情。后来班上有了第一批入团的名额：仅仅一名。男孩很优秀，是重点培养对象之一。但他害怕和她的事儿被老师和同学发现后，不选他当团员，他心中很是忐忑不安。

后来，在一次班会上，她向他扔过来一张纸条儿，他发现有几个同学看见了，于是看也不看，便毫不犹豫地将纸条扔出窗外。她那张期待的脸突然变得苍白，她垂下了眼帘。

这件事证明了他的清白和她的自作多情。

他理所当然地被选上了光荣的团员。然而，从此她再也没有和他说过一句话，当然也没再传过纸条儿。

多年以后，他和她都毕业了，他很想和这个纯真善良的女孩和好，当他有一天拦住她表白时，她默默看了他一眼："有一种心灵的伤害即使痊愈了，也会留下一道印痕。"说完，她便转身离开了。

其实她递过来的纸条只是一道数学题而已……

误会往往在不了解，不理智，无耐心，缺少思考，未能多体谅对方，反省自己，感情极为冲动的情况下发生。从误会开始，我们就一直在想着对方的千错万错，结果造成不可挽回的伤害。

友情需要真诚地付出

黄牛看见狐狸在树下呜呜地哭，问它为什么悲伤。

狐狸抹了一把眼泪，说："人家都有三朋四友，唯独我孤零零的，心里难受哇……"

黄牛问："花猫不是你的朋友吗？"

狐狸叹口气，说："花猫与我交友一载，没请过我一次客，这算什么朋友？我早跟它散伙了。"

黄牛问："山羊不是你的朋友吗？"

狐狸摇摇头，说："山羊与我结拜半年，从未给过我一分钱的好处，还有啥朋友味？我早跟它断绝来往了。"

黄牛长叹了一声，问："听说你曾经跟大黑猪的关系还可以？"

狐狸气得直跺脚，说："我早把它给踢了！你想想，大黑猪能帮我什么忙？当初我根本就不该认识那个蠢家伙。"

黄牛戏谑地一笑，调侃地说："狐狸先生，我送你一样东西吧。"

狐狸眼睛一亮，心想这下可以讨到便宜了，立刻止住哭，问道："什么东西？"

黄牛扭过头，扔下一句"贪鬼"，头也不回地走了。

友谊需要真诚地付出，而不是无情地索取，不能老是想着占朋友的便宜，那样你是得不到真正的友谊的。虽然有付出就有索取，有真诚就有虚伪，但希望有所收获的付出不再纯洁，希望有所回报的友谊不再真诚，那他便注定了要成为一个孤独者。

谁是朋友

傍晚，一只羊独自在山坡上玩，突然从树林中蹿出一只狼来，要吃羊。羊跳起来，拼命用角抵抗，并大声向朋友们求救。

牛在树丛中向这个地方望了一眼，发现是狼，跑走了；马低头一看，发现是狼，一溜烟儿跑了；驴停下脚步，发现是狼，悄悄溜下山坡；猪经过这里，发现是狼，冲下山坡；兔子一听，更是箭一般离去。山下的狗听见羊的呼喊，急忙奔上坡来，从草丛中闪出，咬住了狼的脖子，狼疼得直叫唤，趁狗换气时，仓皇逃走了。

回到家，朋友都来了，牛说：你怎么不告诉我？我的角可以剜出狼的肠子。

马说：你怎么不告诉我？我的蹄子能踢碎狼的脑袋。驴说：你怎么不告诉我？我一声吼叫，吓破狼的胆。

猪说：你怎么不告诉我？我用嘴一拱，就让它摔下山去。兔子说：你怎么不告诉我？我跑得快，可以传信呀。

在这闹嚷嚷的一群中，唯独没有狗。

真正的友谊，不是花言巧语，而是关键时候拉你的那只手。

那些整日围在你身边，让你有些许小欢喜的朋友，不一定是真正的朋友。

而那些看似远离，实际上时刻关注着你的人。

"喂"出来的烦恼

一只小乌鸦昏倒在路旁，一只小孔雀见了，走过去叫醒它："小乌鸦，小乌鸦，你怎么了？你需要什么吗？""我太饿了。"小乌鸦有气无力地说。

小孔雀急忙弄来食物，好心喂给小乌鸦吃。小乌鸦吃饱后，小孔雀问它还需要什么。小乌鸦看了看小孔雀，说："小孔雀，你太美了，我有你这身美丽的羽毛就好了；小孔雀，你太高大了，我有你魁梧的身躯就好了。"说完，小乌鸦听见一只黄鹂在歌唱，看见一只雄鹰在翱翔，又不无羡慕地说："唉！黄鹂唱得太动听了，我有它悦耳的歌喉就好了；雄鹰飞得太高了，我有它高飞的翅膀就好了。"

小孔雀听了小乌鸦的话，不由得感慨起来：饿了的小乌鸦，起初需要的只是一些食物，可吃饱后的小乌鸦，这也想要，那也想要。生命中的许多贪心和烦恼，原来都是"喂"出来的啊！

故人

萧一直坐在这间气息氤氲的咖啡屋内，眼光直视着面前瘦长的透明玻璃杯。他要了一杯柠檬水，随着杯中搅动的吸管，他看着卷起的一个个透明的漩涡，仿佛正用心聆听一个娇脆的声音：

"我就要柠檬吧！"那是乔。

瞟一眼南面靠窗的双人座，一对情侣正借着迷离的灯光看着对方，那曾是萧和乔。这个叫作"错觉"的咖啡屋曾拉长了他们的影子，如今桌上的花瓶中谢去了茉莉，换了玫瑰。

结清了账单，萧向服务生打听可曾有一长发女孩来喝过柠檬水，然后涩涩地离去。

长发的乔也曾来过"错觉"，也曾坐了好久，也曾问起是否有人要过红茶，当然也是涩涩地离去。乔点了萧最爱的红茶。

红茶和柠檬水不再碰面。

乔知道萧每星期日都会到城南的体育场踢球，一直没去看过，可一到这天，乔的心就飞远了。乔精心喂养了一只鹦鹉，每日只教鹦鹉一句"你好"，却始终不得回应，即使有也极为含糊，乔的心就和天空一样灰了。

有一天乔去了那个体育场，带着自己的孩子在春天的草坪蹒跚学步，孩子是勇敢的，跌倒了，挣扎着想要爬起。听说萧已好久没来了，开始的一段日子，他似乎能感到球场的每个角落飞来的一束束熟悉的眼光，只能感觉，捕捉不到，萧认定了那只是一份遗漏的错觉。

几年后的萧在一本不太有名的杂志上看到乔的名字，乔已成了一位作家。萧终于在乔的字句中再次与红茶、柠檬水相遇了。

"也许你觉得体内正流失什么，其实是你在这领域中想要的太多。"乔写道。

萧忍不住一份无名的激动，推醒了睡眼惺忪的儿子："看，这正是故人！"

……

一种源于自然、发自灵魂、诉诸心灵的感应，需要你用一生的经历不断地体验，每一颗时常为故人感应的心灵，都可以成为永远的回忆。

筷子里的哲理

一天，与一位朋友吃饭，恰好父亲来看我，我便把父亲接来一起吃。父亲是个寡言之人，吃饭期间，他一直静静地听我们聊天，很少插话。回家的路上，父亲说："你这个朋友，不可深交。"

我愕然，问道："爸，怎么了？"这个朋友，是因生意认识的，我与他合作过几次，对他印象不错。

父亲说："虽然我对他不甚了解，但从吃相看，基本可以估摸出他是个怎样的人。"

算起来，这是我与朋友第二次在一起吃饭，我对他的吃相没怎么注意。

"我注意到他夹菜的一个习惯性动作，他总是用筷子把盘子底部的菜翻上来，划拉几下，才夹起菜，对喜欢吃的菜，更是反反复复地翻炒，就好比把筷子当成锅铲，把一盘菜在盘子里重新炒了一次。"

我不以为然："每个人习惯不同，有的人喜欢细嚼慢咽，有的人喜欢大快朵颐，不可苛求。"

父亲摇摇头说："如果一个生活困窘的人面对一盘盘美味佳肴，吃相不雅可以理解，可你这位朋友本是生意之人，物质生活并不困苦，如此吃相，只能说明他是个自私、狭隘之人。面对一盘菜，他丝毫不顾忌别人的感受，用筷子在盘子里翻来覆去地炒，如果面对的是利益的诱惑，他一定会不择手段占为己有。"

接着，父亲讲起自己小时候的故事。父亲五岁时，爷爷就去世了，孤儿寡母的日子过得极为窘迫，常常食不果腹。有时去亲戚家做客，奶奶会提前反复叮嘱父亲："儿啊，吃饭时一定要注意自己的吃相，不能独自霸占自己喜欢吃的菜，那会被人耻笑的。我们家穷，但不能失了礼节。"奶奶的话，父亲铭记于心，即使面对满桌美味佳肴，他也不会失态，总能控制有度。

末了，父亲意味深长地说："不要小瞧一双筷子，一个小小的细节，可以看出拿筷子者的修为和人品。"

后来发生的一件事，验证了父亲的话，为了一点蝇头小利，那位朋友果然弃义而去。

从此，我一直谨记父亲的话，一个人的一生，诱惑何其多，但要时刻对欲望加以节制，好的东西，更不能占为己有，要与人分享。提炼做人的品质，应从一双筷子的节制开始。

自私的惩罚

一只绵羊和一只病愈没多久的牧羊犬在野外散步，绵羊虽然一副神态庄重的样子，但头脑却是空空一片，不想事情。走了一会儿路，它们来到一片青翠的草地，绵羊似乎有点饿了，大嚼起美味的青草来，这块草地的草特别合它的胃口，绵羊吃得很是满意。牧羊犬看到绵羊吃得津津有味，也感到腹中有些饥饿，就对绵羊说："亲爱的伙伴，你能否帮我去买一块可口的香肠？"这个时候的绵羊只顾自己吃草，怕浪费了这大好时光，影响进餐，因而对牧羊犬的请求置之不理。等它吃饱后，才懒洋洋地对牧羊犬说道："等我好好消化消化，一会儿就给你去买，消化的时间不会很长的，你慢慢等着吧。"

过了很久，绵羊仍没有去买香肠的打算，于是，牧羊犬拖着虚弱的身体，告别绵羊，独自去买香肠。谁知道，早已在暗中埋伏的狼，见牧羊犬一走，就扑向了绵羊。尽管绵羊急忙呼唤牧羊犬来保护自己，但此时已见不到牧羊犬的踪影。可怜的绵羊最终逃不出狼口。

我们可以设想一下，如果绵羊帮牧羊犬买香肠，最后的结局是否还会如此悲惨？事实上，绵羊贪图眼前的草地，不肯为别人牺牲自己的一点点利益，结果丧失了性命。

拆除心墙

一位建筑设计大师一生杰作无数，但他有一个最大的遗憾——正像人们评价的那样，他将城市空间分割得支离破碎，楼房之间的绝对独立加速了都市人情的冷漠。过完 70 岁寿辰，大师意欲封笔。在封笔之前，他想打破传统的楼房设计形式，力求在住户之间开辟一条交流通道，使人们不再相互隔离。

某颇具胆识的地产商极其赞同大师的观点，出巨资请他设计，效果果然不同凡响。

然而，大师的全新设计叫好不叫座。社会上炒得火热，市场反应却非常冷漠，乃至创出了楼市新低。

地产商急了，忙命市场部调研。调研结果令人大跌眼镜：人们之所以不肯掏钱买房，是觉得这种设计虽然令人耳目一新，但邻里之间交往多了，不利于处理相互间的关系；活动空间大了，孩子们却不好看管；空间一大，人员复杂，对防盗之类人人担心的事十分不利……

大师听到反馈，痛惜不已："我只识图纸不识人，这是我一生中最大的败笔。"

我们可以拆除隔断空间的砖墙，而谁又能拆除人与人之间坚厚的心墙？我们有时可以跨越前进路上的一切障碍，却无法拆除人与人之间那道厚厚的障碍。打开你的心窗，生活会给你更多的爱与温暖。

你暖，别人也会暖

有个少年，因为处理不好和同学的关系，十分苦恼。他问老师："为什么他们对我总是冷冰冰的？"

老师正在喝茶，听完他的话，往窗外瞧了一眼。不久前下过一场大雪，窗台上有一块未融化的冰。老师顺手拿起这块小小的冰，把它放到水杯里，然后问少年："你说，现在杯子里的水，会有什么变化？"

少年说："变冷了。"

老师说："就像这块冰，你冷，别人也会冷。"天冷，少年的手冻得通红。

老师重新拿出一个水杯，注入热腾腾的茶水，将杯子递给少年，然后又问："现在，你有什么感觉？"

少年说："变暖了。"

老师笑着说："就像这杯热水，你暖，别人也会暖呀。"少年想了想，忽然就笑了。

给人温暖自己也会温暖，温暖是人创造出来的，或者自己或者别人。如果仅仅靠自己创造，那可能环境一时没有调整过来，遭受寒冷的打击；如果仅靠他人，那就会像婴儿一样连自己的体温都保持不了，遭受更加严酷的寒冷打击，恐惧未来，渴望而又痛恨周围的社会。

从内心深处发出的温暖才是真正的温暖。

用善意的心灵与世界对话

有位朋友，总是愤世嫉俗，由于在学习、生活、工作中遭遇了许多误解和挫折，渐渐地，他养成了以戒备和仇恨的心态看世界的习惯。在压抑郁闷的环境中他度日如年，几乎要崩溃，感觉整个世界都在排斥他。

他有一种强烈的发泄欲望。多年来这种念头一直缠绕着他，他想在自己所处的环境发泄，又担心受到更多的伤害，他一直压抑、克制着自己的这种念头，但越是克制越烦恼，他因此寝食不安。

有一天他为了散心，登上了一座景色宜人的大山。他坐在山上，无心欣赏幽雅的风景，想想自己这些年遭遇到的误解、歧视、挫折，他内心的仇恨像开闸的洪水一样，汹涌而出。他大声对着空荡幽深的山谷喊道："我恨你们！我恨你们！我恨你们！"话一出口，山谷里传来同样的回音："我恨你们！我恨你们！我恨你们！"他越听越不是滋味，又提高了喊叫的声音。他骂得越厉害，回音便更大更长，扰得他更恼怒。

就在他再次大声叫骂后，从身后传来了"我爱你们！我爱你们！我爱你们！"的声音，他扭头一看，只见不远处寺庙里的方丈在冲着他喊。

片刻方丈微笑着向他走来，他见方丈面善目慈，便一股脑说出了自己所遭遇的一切。

听了他的讲述，方丈笑着说："晨钟暮鼓惊醒多少山河名利客，经声佛号唤回无边苦海梦中人。我送你四句话。其一，这世界上没有失败，只有暂时没有成功。其二，改变世界之前，需要改变的是你自己。其三，改变从决定开始，决定在行动之前。其四，是决心而不是环境在决定你的命运。你不妨先改变自己的习惯，试着用友善的心态去面对周围的一切，你肯定会有意想不到的快乐。"

他半信半疑，表情很复杂。方丈看透了他的心思，接着说："倘若世界是一堵墙壁，那么爱是世界的回音壁。就像刚才，你以什么样的心态说话，它就会以什么样的语气给你回音。爱出者爱返，福往者福来。为人处世许多烦恼都是因为对外界苛求得太多而产生的。你热爱别人，别人也会给你爱；你去帮助别人，别人也会帮助你。世界是互动的，你给世界几分爱，世界就会回你几分爱。爱给人的收获远远大于恨带来的暂时的满足。"

听了方丈的话，他愉快地下山了。

回去后他以积极、健康、友爱的心态对待身边的一切，他和同事之间的误解消除了，没有人再和他过不去，工作上他比以往好多了，他发现自己比以前快乐多了。

爱是世界的回音壁，想要消除仇恨，给生命增添些友爱，就请用善意的心灵与世界对话。你的声音越发友善，得到的回复将越发美妙，这美妙的回复又会给我们的心灵带来更多的平和与欢乐。

爱人之心

这是发生在英国的一个真实故事。

有位孤独的老人，无儿无女，又体弱多病，他决定搬到养老院去。老人宣布出售他漂亮的住宅，购买者闻讯蜂拥而至。住宅底价八万英镑，但人们很快就将它炒到了十万英镑。价钱还在不断攀升，但老人深陷在沙发里，满目忧郁。是的，要不是健康情形不行，他是不会卖掉这栋陪他度过大半生的住宅的。

一个衣着朴素的青年来到老人眼前，弯下腰，低声说："先生，我也好想买这栋住宅，可我只有一万英镑。可是，如果您把住宅卖给我，我保证会让您依旧生活在这里，和我一起喝茶、读报、散步，天天都快快乐乐的——相信我，我会用整颗心来照顾您！"

老人颔首微笑，把住宅以一万英镑的价钱卖给了他。完成梦想，有时，只需你拥有一颗爱人之心。

所谓爱情：

一个人时，善待自己；
两个人时，善待对方

如果花开了，就欢喜；如果花落了，就放弃。陪你在路上满心欢喜是因为宜人风景，不是因为你。没有人值得你为他哭，唯一值得你为他哭的那个人，永远都不会让你为了他而哭。

鱼和刺猬的爱情

一只孤独的刺猬常常独自来到河边散步。杨柳在微风中轻轻摇曳，柳絮纷纷扬扬地飘洒下来，这时候，年轻的刺猬会停下来，望着水中柳树的倒影，望着水草里自己的影子，默默地出神。一条鱼静静地游过来，游到了刺猬的心中，揉碎了水草里的梦。

"为什么你总是那么忧郁呢？"鱼默默地问刺猬。"我忧郁吗？"刺猬轻轻地笑了。

鱼温柔地注视着刺猬，默默地抚摸着刺猬的忧伤，轻轻地说："让我来温暖你的心。"

鱼和刺猬相爱了！

上帝说，你见过鱼和刺猬的爱情吗？

刺猬说："我要把身上的刺一根根拔掉，我不想在我们拥抱的时候刺痛你。"

鱼说："不要啊，我怎么忍心看你那一滴滴流淌下来的鲜血？那血是从我心上淌出来的。"

刺猬说："因为我爱你！爱是不需要理由的。"

鱼说："可是，你拔掉了刺就不是你了。我只想要给你以快乐……"

刺猬说："我宁愿为你一点点撕碎自己……"

刺猬在一点点拔自己身上的刺，每拔一下都是一阵揪心的疼，每一次都疼在鱼的心上。

鱼渴望和刺猬做一次深情地相拥，它一次次地腾越而起，每一次的纵身是为了每一次的梦想，每一次的梦想是每一次跌碎的痛苦。

鱼对上帝说："如何能让我有一双脚，我要走到爱人的身旁。"

上帝说："孩子，请原谅我的无能为力，因为你本来就是没有脚的。"

鱼说："难道我的爱错了？"上帝说："爱永远没有错。"

鱼说："要如何做才能给我的爱人以幸福？"上帝说："请转身！"

鱼毅然游走了，在辽阔的水域下，鱼闪闪的鳞片渐渐消失在刺猬的眼睛里。

刺猬说："上帝啊，鱼有眼泪吗？"上帝说："鱼的眼泪流在水里。"

上帝啊，爱是什么？

上帝说，爱有时候需要学会放弃。

爱一个人就是让她（他）快乐，使她（他）忘记烦恼和忧伤，给她（他）一份温馨。如果你做不到，莫不如放弃，放弃何尝不是一种宽容。时间能冲淡一切爱的足迹，不必想念，不必彷徨，心中的牵挂任凭飘雪的冬季飞逝吧，只有在爱的道路上经历过痛苦地磨砺，才能在感情世界里渐渐长大。

笼子和小鸟的爱情

一只笼子和一只小鸟相爱了。笼子跟小鸟说："我是一只笼子，是用来关鸟的那一种……笼子。"鸟儿说它知道。

过了一会儿鸟儿问笼子："你会关我吗？"

"我不会，可是，我却希望你……永远都在我身边……永远都不会离开我。"笼子艰难地回答。

鸟儿微笑了，我会的。因为你对我而言，更像一间温暖的房子，而不是一个冰冷的笼子。不可言喻的幸福充满了笼子的心。

于是笼子和小鸟很快乐地生活在一起。早晨鸟儿会去寻一些小虫果腹，再自由自在地在蓝天上纵情飞翔。傍晚回来，便哼唱起悠扬的旋律，点缀每一个美丽的黄昏。夜深了，鸟儿就依在笼中皎洁的月华里甜蜜地睡去。

可是，有一天，主人发现了睡在笼子里的小鸟，就锁上了笼子。

笼子心想，这样小鸟就可以一直跟它在一起了，可是，它失去了自由。失去了自由，爱情还会存在吗？不会。

而鸟儿的爱情，对笼子来说是多么的重要。笼子不愿意看到鸟儿失去自由，更不愿意看到鸟儿伤心，也不愿失去鸟儿对它的爱。

它深情地看着睡在自己怀里的鸟儿，含泪说道："再见了，我的爱，希望来生我们能够再见。"说完，笼子就四散裂开，轻轻地坠落……

自由和爱情并不是相抵触的，它们可以完美地结合在一起。但是如果一旦失去了自由，爱情恐怕也不会存在了。

只因维度不一样

樱花盛开的季节，颇具文艺范的学长连续几天弹起他心爱的木吉他，在工科女生宿舍楼下浅吟低唱"我的心是一片海洋，可以温柔却有力量，在这无常的人生路上，我要陪着你不弃不散……"对面文学系的姑娘们眼睛中闪烁着晶亮的光芒，多希望有一位英俊的少年能够为自己如此疯狂。而学长的女神，那位立志成为女博士的姑娘却打开窗，羞涩而坚定地说："学长，你……你可不可以安静一点，我们还准备考试呢。"

这泼冷水的效果丝毫不亚于那句"我一直把你当哥哥（妹妹）看待"。其实被泼冷水的人也不必灰心丧气，不是你不够优秀，只是你爱慕的对象身处在不同的维度。有时候，你爱的人其实并不适合你，他只是你生命中点燃烟花的人。

52 赫兹

"52 赫兹"是一头鲸鱼用鼻孔哼出的声音频率，最初于 1989 年被发现记录，此后每年都被美军声呐探测到。因为只有唯一音源，所以推测这些声音都来自同一头鲸鱼。这头鲸鱼平均每天旅行 47 千米，边走边唱，有时候一天累计唱 22 个小时，但是没有回应。鲸歌是鲸鱼重要的通讯和交际手段，据推测不但可以召唤同伴，在交配季节更有"表述衷肠"的作用。导致"52 赫兹"幽幽独往独来的原因，是因为该品种鲸鱼的鲸歌大多在 15 ～ 20 赫兹，"52 赫兹"唱的歌就算被同类听到，也不解其意，无法回应。

经营爱情的道理也是一样的，找准处在同一维度的对象很重要。孤独的"52 赫兹"如果想找到知音，那么可以去唱给频率范围是 20 ～ 1000 赫兹的座头鲸。如果你还是个纯粹爱情的向往者，找一个适合自己的人来爱吧，这样才能够爱得自在、爱得幸福、爱得愉快。

失恋

一个失恋的人在公园中哭泣。

一位老者路过，轻声问他："你怎么啦？为何哭得如此伤心？"失恋者回答："我好难过，为何她要离我而去？"

不料老者却哈哈大笑，并说："你真笨！"

失恋者非常生气："你怎么能这样，我失恋了，已经很难过，你不安慰我就算了，还骂我！"

老者回答说："傻瓜，这根本就不用难过啊，真正该难过的是她！要知道，你只是失去了一个不爱你的人，而她却是失去了一个爱他的人及爱人的能力。"

毫无疑问，只要真心爱过，失恋对于每个人而言都是痛苦的。不同的是，明智的人会透过痛苦看本质，从痛苦中挣脱出来，笑对新的生活；愚蠢的人则一直沉溺在痛苦之中，抱着回忆过日子，从此再不见笑容……

谁的损失

陈海飞一直困扰在一段剪不断，理还乱的感情里出不来。

她一个人走在春日的阳光下，空气中到处是春天的味道，有柳树的清香，小草的芬芳。陈海飞想："世界如此美好，可是我却失恋了。"这时，那一种刺痛突然在心底弥漫。陈海飞有种想流泪的感觉，她仰起头，不让泪水夺眶。

走累了，陈海飞坐在街心花园的长椅上。旁边有一对母女，小女孩眼睛大大的，小脸红扑扑的。

"妈妈，你说友情重要还是半块橡皮重要。""当然是友情重要了。"

"那为什么乐乐为了想要妞妞的半块橡皮，就答应她以后不再和我做好朋友了呢？"

"哦，是这样啊。难怪你最近不高兴。孩子，你应该这样想，如果她是真心和你做朋友就不会为任何东西放弃友谊，如果她会轻易放弃友谊，那这种友情也就没有什么值得珍惜的了。"母亲轻轻地说。

"孩子，知道什么样的花能引来蜜蜂和蝴蝶吗？""知道，是很美丽很香的花。"

"对了，人也一样，你只要加强自身的修养，又博学多才。当你像一朵很美的花时，就会吸引到很多人和你做朋友。所以，放弃你是她的损失，不是你的。"

"是啊，为了升职放弃的爱情也没有什么值得留恋的。如果我是美丽的花，放弃我是他的损失。"陈海飞的心情突然开朗起来了。

当一段爱情画上句号，不要因为彼此习惯而离不开，抬头看看，云彩依然那般美丽，生活依旧那般美好。其实，除了爱情，还有很多东西值得我们为之奋斗。有些事，有些人，或许只能够作为回忆，永远不能够成为将来！感情的事该放下就放下，你要不停地告诉自己——离开你，是他的损失！

淡忘也是一种幸福

一位美国朋友带着即将读大学的孩子去欧洲旅行，因为那里留有他青春的痕迹，旧地重游，很是亲切，还有一缕说不出的伤感，因为曾失却的爱，就在这里。

和儿子进入大学城内的餐厅用餐，才刚坐下，父亲即面露惊讶神色。原来，这家餐厅的老板娘，竟是当年他在此求学时追求的对象。

二十多年岁月变更，当年的粉面桃花早已不再。父亲告诉儿子说，她是一家酒吧主人的千金，她的笑容与气质深深地吸引着他。虽然女孩父亲反对他们往来，但两颗热恋的心早已融化所有的障碍，他们决定私奔。

这位美国朋友托友人转交一封信给女孩，约定私奔的日期和去向。很遗憾，他等了一天，却没看到女孩出现，只看见满天嘲弄的星辰，怀抱琴弦，却弹奏失望。他只好带着一张毕业证书回到美国。

儿子听得如痴如醉。突然，他问父亲，当年他在信上如何注明日期。因为美国表示日期的方式是先写月份，后写日期；而欧洲是先写日期，再写月份。

父亲恍然大悟，原来自己约定的日期 10 月 11 日，女孩却是欧洲的读法，判断为 11 月 10 日。一个月的时序误会，因而错失一段美好的姻缘。

二十多年来，他一直想用恨来冲淡想念；二十多年来，那女孩呢？

她一定也在恨那个"薄情郎"。这位年近 50 岁的美国朋友，很想走过去，告诉老板娘：我们都错了，只为一个日期的误读，不为爱情。

两个对的人，却在错的时候，爱上一回。

最终，这位父亲没有站出来揭开谜底，只是默默地买单，然后轻松地回家。因为他在心中彻底地为一个爱情中的无辜女主角昭雪。

把相恋时的狂喜化成披着丧衣的白蝴蝶，让它在记忆里翻飞远去，永不复返，净化心湖。与绝情无关——唯有淡忘，才能在大悲大喜之后炼成牵动人心的平和；唯有遗忘，才能在绚烂已极之后炼出处变不惊的恬然。自己的爱情应当自己把握，无论是男是女，将爱情封锁在两个人的容器里，摆脱"空气"的影响，说不定更是一种痛苦。

放弃不必要的执拗

他们同在外地打工，是同乡又是恋人。他相貌英俊，一表人才；她眉清目秀，温婉动人；他很疼她，她要加班，他总是在楼下等着送她回家，风雨不误；她也很疼他，她知道他想攒钱办婚礼，不舍得吃荤菜，所以每日都将自己的工作餐匀出一半，下班后带回去送给他。

那天，他们吵架了，其实只是很小的一件事，看起来有点可笑。

后来，他想通了，主动来找她道歉。可是，一下、两下、三下……他足足敲了九下门，门内却依然没有任何动静。他知道她就在房内，"或许她不打算原谅我了吧！"他想了想，转身离去，从此再没有来过……

后来，他们天各一方，彼此都有了家，然而婚姻却又都不美满。这时，他们不约而同地怀念起了当年的那段感情。

两鬓斑白之时，一个偶然的机会，他们相遇了。

他问她："那晚我来道歉，一直敲门，你为什么就是不开呢？"她说："其实我一直在门后等你。"

"等我？"他不明白她的意思。

"等你敲第十下门，我告诉自己，只要你敲到第十下，就去开门——可你只敲了九下。"

一切已然明了，二人都为此后悔不已。她后悔自己的固执，自己为何不在他敲第九下时将门打开呢？为何不在他转身离去时叫住他呢？其实他已经给足了自己面子，可自己为何偏偏固执于那第十下呢？他心中充满遗憾——原来她只是等自己再敲一下门！已经敲了九下，为何不多敲一下呢？只要多敲一下……

几多荒唐，几多遗憾！叹息之余，忍不住奉劝"痴男怨女"们一句——倘若你想让门外之人走进自己的世界，就不要再等那最后一下，及时将门打开吧！倘若你确信门内之人值得你去追求，就一直敲下去！直到她将门打开或是永久关闭为止。

不要剥夺他飞翔的权利

一个天使路过山涧的时候，遇到了一位女孩。他们相爱了。他们在山上建造了爱的小屋。

天使每天都要飞来飞去，但他真的很爱这位女孩，得空就来陪伴她。

一天，天使带着心爱的女孩，在山间散步。忽然，他说："如果有一天你不再爱我了，我会离开你。因为没有爱的日子，我活不下去。那时候，我就会飞到另一个女孩的身边。"

女孩看了天使一会儿，坚定地说："我永远爱你！"

他们的日子过得挺幸福。但是，每当女孩想起天使的那句话，就开始烦躁不安了。她觉得天使说不定哪天会离开她，飞到另一个女孩的身边。于是一天晚上，女孩趁着天使睡熟的时候，把天使的翅膀藏了起来。

天亮以后，天使生气地说："把我的翅膀还给我！为什么要这样？你不爱我了？你不爱我了……"

"我没有，我还是爱你的！我没有藏你的翅膀，真的，相信我好吗？"

"你骗人，你说谎，我不相信你了，我感觉你不爱我了！"当他从柜子里找出翅膀后，就头也不回地飞走了。

女孩很难过，也很怀念那段美好的生活。她后悔了，就独自坐到山头的风口上，默默地忏悔："纵然我爱你爱得发狂，也不能剥夺你飞翔的权利，是吗？我应给你足够的自由，让彼此有喘息的空间。我现在真的懂了，你还能回来吗……"

忽然间，天使出现了。他温柔地说："我回来了，亲爱的！""你真的不走了，真的还爱着我？"

天使微笑着说："我感觉到，你还是爱我的，对吗？只要你还爱着我，我就一直爱着你，直到你不再爱我的时候。"

生活中有些人，就像那个女孩一样，把爱当作借口，约束着对方。这样的爱情不但苦了自己，也苦了对方。时刻都不要忘了：爱情只能拥有，不可占有。不管你如何爱一个人，也不要剥夺他自由飞翔的权利。

行走的风景

我们是因为寂寞才相爱吗？那么寂寞岂不是漫天地弥漫着，哪里能逃掉呢？而爱，却轻易便溜走了。

有哪一种爱是不需要付出代价的呢？还记得年少时的梦吗？有一个梦永远都不会醒，不愿醒，那是关于爱的。从年少到成长。

从前有一个小男孩跟一个小女孩说，如果我只有一碗粥，一半我会给我的妈妈，另一半我就给你。从此，这个小女孩就爱上了小男孩。可是大人们都说，小孩子嘛，哪里懂得什么是爱！后来，小女孩长大了，跟另一个男孩子谈恋爱。那一天他们走了一夜，累了，男孩子说送她回家吧。到了门口，男孩子却没有道别的意思，女孩索性坐下来，脱了鞋子放在两个人中间，说，这是我们的界线啊。十分钟过去了，20分钟过去了，男孩一直安安静静地坐着。女孩忽然有些烦了，便要起身。"别动！"男孩阻止，不好意思地说，"我喜欢……看你的脚。"女孩子也窘起来，可发现自己的脚变得美丽起来，像一张漂亮的脸庞灿烂地笑着。唉，这样的年少啊。可是当女孩子说要把男孩藏在心底的时候，男孩却说那里有阴影，转身走了。

我们是因为寂寞才相爱吗？那么寂寞岂不是漫天地弥漫着，哪里能逃掉呢？而爱，却轻易便溜走了。

那是很久以前的事了，当火车开动的时候，北方正落着苍茫的雪，我离开了最爱的人。谁知道这一别竟注定了41年的寒冷与孤寂呢，光阴一直寂寞地漫游，阻塞了所有的时空。女孩回忆，回忆所有的恩怨爱恋，当她作为一个母亲偷偷放开小宝贝的手看他小心地学会了走路还不明白离愁，才知道简单的要求最好，知道那年的一碗粥才是一生中的最爱。

重要的是颗心

一天，一位先生要寄东西，问邮局工作人员有没有盒子卖，邮局工作人员拿纸盒给他看。他摇摇头说："这太软了，不经压。有没有木盒子？"邮局工作人员问："您是要寄贵重物品吧？"他连忙说："是的，是的，贵重物品。"

邮局工作人员给他换了一个精致的木盒子。

他拿过那个盒子，左看右看，似乎是在测试它的舒适度，最后，他满意地朝邮局工作人员点了点头。接下来，他就从衣袋里掏出了所谓的"贵重物品"——居然是一颗红色的、压得扁扁的塑料心！只见他拔下气嘴上的塞子，挤净里面的空气，然后就憋足了气，一下子吹鼓了那颗心。那颗心躺进盒子，大小正合适。

原来这位先生要邮寄的乃是一颗充足了气的塑料心。

工作人员强忍住笑说："其实您大可不必这么隆重地邮寄您的物品。我来给您称一下这颗心的重量——呵，才 6.5 克。您把气放掉，装进牛皮纸信封里，寄个挂号不就行了吗？"那位先生惊讶地（或者不如说是怜悯地）看着邮局工作人员，说："你是真的不懂吗？我和我的恋人天各一方彼此忍受着难挨的相思之苦，她需要我的声音，也需要我的气息。我送给她的礼物是一缕呼吸——一缕从我的胸腔里呼出的呼吸。应该说，我寄的东西根本没有分量，这个 6.5 克重的塑料心和这个几百克重的木盒子，都不过是我的礼物的包装呀。"

听完这位先生的讲述，邮局工作人员若有所悟。

每一根为爱情砍断的竹竿都有被砍断的神圣理由。而这种理由可能只是一点点微不足道的细节，但仍是如此生动、质朴、纯真，也许只有相爱的人才了解其珍贵。

最美好的玫瑰花

人往往是在失去以后才知道珍惜，愿我们好好把握并珍惜眼前的一切，不仅仅是在爱情方面，亲情或友情亦是如此。

曾经有个男孩种了一株玫瑰，放在向阳的窗台上，那是他和一个女孩一起去买的种子和花盆。男孩总是对女孩说：你在我的心中永远是最美好的，我要种出最美的玫瑰花送给你。女孩总是微笑地看着他，看他用专注的神情替玫瑰浇水施肥，看他用期待的眼神注视着眼前的盆栽。每当此时，女孩总会想起，当她与他第一次相见时，男孩正是用这样的神情注视着她。日子一天天过去，玫瑰也长出了芽，生出了枝叶……男孩迷上了上网，常和一群朋友玩在一块，几天不找女孩是常有的事。女孩越来越难找到他。女孩很担心他。

每次男孩回到家，总是会先去看看窗台上的玫瑰，看到玫瑰垂头丧气、病恹恹的，他总是心疼地责怪自己的疏忽，赶紧为它浇水施肥，日夜守护着它，希望玫瑰早日开出美丽的花朵……一天，他惊喜地看到玫瑰长出第一个花苞，高兴地打电话给女孩。等了很久电话的女孩，开心地听他用兴奋的语气说着："很快我就可以送你一束我亲手种的玫瑰了！"

男孩依然成日成夜地去玩，在家的时间越来越少。一天，当他回到家，低垂的玫瑰知道主人回来了，微微地抬起头。可是男孩太累了，倒在床上就进入了梦乡，第二天又匆忙出门去了。许久未见到男孩的女孩，终于来到男孩的家，她看到干枯的玫瑰却仍残留着一片花瓣，似乎不放弃地在等着她。也许玫瑰也知道它的主人曾经那样用爱去灌溉它，就是为了让女孩能看到美丽的玫瑰绽放。

女孩看到地上有一张相片，是另一个女孩。灿烂地笑着，是自己也曾有过的笑容。女孩看着奄奄一息的玫瑰，再看看镜中憔悴的自己，不禁落下了一滴眼泪，而残存的最后一片花瓣也在此时落下。

回到家的男孩着急地奔向窗台，却看到原本放置玫瑰的地方放着一盆仙人掌，还有一张字条。上面是女孩秀丽的笔迹：我走了！送你一株仙人掌，它不用时时浇水与照顾。但我希望你明白，不管多耐旱的植物，也会有枯死的一天。

男孩终于醒悟，他一直把女孩温柔的等待视为理所当然，却忘了她毕竟不是一株仙人掌。而此时他才意识到女孩是他心中永远的玫瑰花。

所谓缘分

从前有个书生，和未婚妻约定在某年某月某日结婚。然而到了那一天，未婚妻却嫁给了别人。书生大受打击，从此一病不起。家人用尽各种办法都无能为力，眼看书生即将不久于人世。这时，一位游方僧人路过此地，得知情况以后，遂决定点化一下书生。他来到书生床前，从怀中摸出一面镜子叫书生看。

镜中是这样一幅图景：茫茫大海边，一名遇害女子一丝不挂地躺在海滩上。有一人路过，只是看了一眼，摇摇头，便走了……又一人路过，将外衣脱下，盖在女尸身上，也走了……第三人路过，他走上前去，挖了个坑，小心翼翼地将尸体掩埋了……疑惑间，面画切换，书生看到自己的未婚妻——洞房花烛夜，她的丈夫正掀起她头上的盖头……书生不明所以。

僧人解释道："那具海滩上的女尸就是你未婚妻的前世。你是第二个路过的人，曾给过她一件衣服。她今生和你相恋，只为还你一个情。但是她最终要报答一生一世的人，是最后那个把她掩埋的人，那人就是她现在的丈夫。"

书生大悟，瞬间从床上坐起，病愈！

缘聚缘散总无强求之理。世间人，分分合合，合合分分谁能预料？该走的还是会走，该留的还是会留。

缘分这东西冥冥中自有注定，不要执着于此，进而伤害自己。但无论什么时候，我们都不要绝望，不要放弃自己对真、善、美的爱情追求。

误会

前些时候，一位女友同一位外籍男子热恋。男子每天拿着一枝新鲜玫瑰，去接她下班，让周围的人好生羡慕。

不久后那男子所在的外籍公司驻京总部派他回国，他只能从命。临行前对女孩说，他不出三个月就回来，归来时就可谈论婚嫁。

他走以后，那女孩神思恍惚，度日如年。男子每周都有电话打来，两人一谈就是两个钟点。但电话中两情缱绻，毕竟远水不解近渴。女孩便频频催促他快回。不巧那家公司因业务所需，让那男子推迟归期。雇员做不了自己的主，自然只能一拖再拖。眼看到了圣诞，女孩给男子寄去贺卡，为表心迹，同时附信一封，表达了自己强烈的思念之情，并对他的不守信用颇有微词。为了激起男子的忌妒和重视，她使用了女孩惯常使用的小手段，在信上加了一段温情的威胁，说如果你再不回来，我就和以前的男朋友好了。她以为这一招定是很灵验的。

女孩在焦虑中犯了两个错误：第一，她忘了男子的汉语仅限于口语阶段，离开了中国在那里没有人能帮他读懂这封信。第二，是观念和文化的差异，西方人会把威胁当真——果然男子收到信以后，一时莫名其妙，最后给女孩回了一封信，沉痛表示：你有了男朋友，我真的很难过。我不能再给你打电话了，但我尊重你的选择，祝你幸福。

女孩收到信，差点没晕过去，过了一些日子，男子从别人那得到消息，说她根本没有别的男朋友。两个人如梦初醒，都恨自己错怪了对方。然而，尽管两个人内心都希望重归于好，重续前缘，但不知为什么，这误会消除之后，两个人却都没有了先前那种甜蜜的好感觉。

误会不是随随便便发生的，误会源于彼此的不信任。所以误会有时会致命。

爱情需要用心去捕获

天空中大雨倾盆，两个落魄至极的青年蜷缩在一起，他们又冷又饿，几欲昏倒。大街上不时有行人路过，但却一直对他们视而不见。

这时，一位年轻女护士撑着伞走到二人面前，她为他们撑伞挡雨，直至雨停，随后又给他们买来了面包。两个落魄青年深受感动，他们心中同时有一种情愫在滋生，是的，他们竟同时爱上了她。为了得到自己心中的"女神"，两位青年默默地展开了竞争。

第一位青年试探性地问女护士："小姐，冒昧地问一句，你的男朋友是从事什么职业的？"

"呵呵，我还没有男朋友呢。"

"那你希望未来的男朋友是做什么的呢？"

护士想了想，说道："他……最好是位医师吧。"

另一位青年深情款款地向女护士表白："小姐，我爱你！""哦，真对不起，我不会爱上一个不讲卫生的人。"

翌日，第二位青年洗漱干净，将自己打扮得焕然一新，又来到女护士身边："小姐，我爱你！"

"对不起，我不会爱上身无分文的人。"

数日之后，这位青年异常兴奋地跑去对女护士说："你知道吗？我买彩票中了大奖，有 1000 万奖金，现在你可以接受我的爱情了吧？"没想到女护士再次拒绝了他："对不起，或许我只会爱上一位医生，但你还不是医生。"

数年以后，该青年再度出现在女护士面前，而他此时的身份竟是"医师"。

"亲爱的，我想你现在可以答应我的求婚了。"

"很抱歉，可我已经嫁人了。"说完，女护士挽着她的丈夫走进医院。这位青年仔细一看，险些昏倒在地。原来，女护士的丈夫竟是当年与他蜷缩在一起的另一位青年！现在，他是这家医院的院长，也是全市赫赫有名的外科医师。

这位青年很是不服，跑去质问第一位青年："你到底耍了什么手段？给她灌了什么迷药？"

"我用的是心！我的心始终朝着一个方向——做一名优秀的医生，赢得她的爱慕；而你用的是计谋，你过于急功近利，心中只有贪婪！"

爱情需要我们用心去捕获，爱人需要我们用心去征服，能够抓住爱的，决然不会是计谋。幸福总是眷顾"有心的人"，当然，人生中的其他竞争亦是如此。

爱不需要太多伪装

雍容华贵、仪态万千的公主爱上了一个小伙子，很快，他们踩着玫瑰花铺就的红地毯步入了婚姻殿堂。故事从公主继承王位、成为权力威慑无边的女王说起。

随着岁月的流逝，女王渐渐感到自己衰老了，花容月貌慢慢褪却，不得不靠一层又一层的化妆品换回昔日的风采。"不，女王的尊严和威仪绝不能因为相貌的萎靡而减损丝毫！"女王在心中给自己下达了圣旨，同时她也对所有的臣民，包括自己的丈夫下达了近乎苛刻的规定：不准在女王没化妆的时候偷看女王的容颜。

那是一个非常迷人的清晨，和风怡荡，柳绿花红，女王的丈夫早早起床在皇家园林中散步。忽然，随着几声悦耳的啁啾鸟鸣，女王的丈夫发现树端一窝小鸟出世了。多么可爱的小鸟啊！他再也抑制不住内心的喜悦，飞跑进宫，一下子推开了女王的房门。女王刚刚起床，还没来得及洗漱，她猛然一惊，仓促间回过一张毫无粉饰的白脸。

结局不言而喻，即使是万众敬仰的女王的丈夫，犯下了禁律，也必须与庶民同罪——偷看女王的真颜只有死路一条。

女王的心中充满了悲哀，她不忍心丈夫因为一时的鲁莽和疏忽而惨遭杀害，但她又绝不能容忍世界上任何一个人知道她不可告人的秘密。女王丈夫被斩首的那一天，女王泪水涟涟地去探望丈夫，这些天以来，女王一直渴望知道一件事，错过今日，也就永远揭不开谜底了。终于，女王问道："没有化妆的我，一定又老又丑吧？"

女王的丈夫深情地望着她说："相爱这么多年，我一直企盼着你能够洗却铅华，甚至摘下皇冠，让我们的灵魂赤诚相融。现在，我终于看到了一个真实的妻子，终于可以以一个丈夫的胸怀爱她的一切美好和一切缺欠。在我的心中，我的妻子永远是美丽的！"

真正的爱情可以穿越外表的浮华，直达心灵深处。然而，喜爱猜忌的人们却在人与人之间设立了太多屏障，乃至于亲人、爱人之间也不能坦然相对。除去外表的浮华，卸去心灵的伪装，才可以实现真正的人与人的融合。

5

第 五 辑

所谓痛苦：

青春是一场无知的奔忙，
总会留下颠沛流离的伤

日子总是像从指尖掠过的细纱，在不
经意间悄然滑落。那些往日的忧愁，在似
水流年的荡涤下随波轻轻地逝去，而留下
的欢乐和笑靥在记忆深处历久弥新。

福与祸

据说很久以前，在一个王国里，有位大臣特别聪明，而这位大臣也因他的聪明，受到国王格外的宠爱与信任。

这位聪明的大臣不论遇上什么事，总是愿意去看事物好的那一面，因此，别人给他起了一个雅号"必胜大臣"。

国王热爱打猎，有一次在追捕猎物的过程中，弄断了一节食指。国王剧痛之余，立即召来"必胜大臣"，征询他对这件断指意外的看法。

"必胜大臣"仍本着他的作风，轻松自在地告诉国王，这应是一件好事。

国王闻言大怒，认为"必胜大臣"在嘲讽自己，立时命左右将他拿下，关到监狱里待斩。

"必胜大臣"听后，笑着说："您不敢杀我，总有一天您还得把我放出来。"国王听了怒色道："来人，给我拉出去斩了。"但想一想道："先押入死牢。"就这样"必胜大臣"被关到死牢。

国王的断指痊愈之后，忘了此事，又兴冲冲地忙着四处打猎。却不料带队误闯邻国国境，被丛林中埋伏的一群野人活捉。

依照野人的惯例，必须将活捉的这队人马的首领献祭给他们的神，于是便抓了国王放到祭坛上。祭奠仪式开始，主持仪式的巫师突然惊呼起来。

原来巫师发现国王断了一截的食指，而按他们部族的律例，献祭不完整的祭品给天神，是会受天谴的。野人连忙将国王解下祭坛，驱逐他离开，另外抓了一位同行的大臣献祭。

国王狼狈地回到朝中，庆幸大难不死，忽然想到"必胜大臣"曾说过的话，立刻将他由牢中释放，并当面向他道歉。

没有风平浪静的海洋，没有不受伤的船

有着悠久造船历史的西班牙港口城市巴塞罗那，有一家著名的造船厂，这个造船厂已经有一千多年的历史。这个造船厂从建厂的那一天开始就立了一个规矩，所有从造船厂出去的船舶都要造一个小模型留在厂里，并把这只船出厂后的命运刻在模型上。厂里有房间专门用来陈列船舶模型。因为历史悠久，所造船舶的数量不断增加，所以陈列室也逐步扩大，从最初的一间小房子变成了现在造船厂里最宏伟的建筑，里面陈列着将近十万只船舶的模型。

所有走进这个陈列馆的人都会被那些船舶模型所震撼，不是因为船舶模型造型的精致和千姿百态，不是因为感叹造船厂悠久的历史和对于西班牙航海业的卓越贡献，而是因为每一个船舶模型上面雕刻的文字！

有一只名字叫西班牙公主号的船舶模型上雕刻的文字是这样的：

本船共计航海 50 年，其中 11 次遭遇冰川，有 6 次遭海盗抢掠，有 9 次与另外的船舶相撞，有 21 次发生故障抛锚搁浅。每一个模型上都是这样的文字，详细记录着该船经历的风风雨雨。在陈列馆最里面的一面墙上，是对上千年来造船厂所有出厂的船舶的概述：造船厂出厂的近 10 万只船舶当中，有 6000 只在大海中沉没，有 9000 只因为受伤严重不能再进行修复航行，有

6万只船舶都遭遇过20次以上的大灾难，所有的船都有过受伤的经历……

现在，这个造船厂的船舶陈列馆，早已经突破了原来的意义，它已经成为西班牙最负盛名的旅游景点，成为西班牙人教育后代获取精神力量的象征。

这正是西班牙人吸取智慧的地方：所有船舶，不论用途是什么，只要到大海里航行，就会受伤，就会遭遇灾难。

如果因为遭遇了磨难而怨天尤人，如果因为遭遇了挫折而自暴自弃，如果因为面临逆境而放弃了追求，如果因为受了伤害就一蹶不振，那你就大错特错了。人生也是这样的，只要你有追求，只要你去做事，就不会一帆风顺。

我们的人生，就像大海里的船舶，只要航行，就会遭遇风险，没有风平浪静的海洋，没有不受伤的船。

忘掉过去不幸的自己

在雨果不朽的名著《悲惨世界》里，主人公冉·阿让本是一个勤劳、正直、善良的人，但穷困潦倒，度日艰难。为了不让家人挨饿，迫于无奈，他偷了一个面包，被当场抓获，判定为"贼"，锒铛入狱。出狱后，他到处找不到工作，饱受世俗的冷落与耻笑。从此他真的成了一个贼，顺手牵羊，偷鸡摸狗。警察一直都在追踪他，想方设法要拿到他犯罪的证据，以把他再次送进监狱，他却一次又一次逃脱了。

在一个风雪交加的夜晚，他饥寒交迫，昏倒在路上，被一个好心的神父救起。神父把他带回教堂，但他却在神父睡着后，把神父房间里的所有银器席卷一空。因为他已认定自己是坏人，就应该干坏事。不料，在逃跑途中，被警察逮个正着，这次可谓人赃俱获。

当警察押着冉·阿让到教堂，让神父辨认失窃物品时，冉·阿让绝望地想："完了，这一辈子只能在监狱里度过了！"谁知神父却温和地对警察说："这些银器是我送给他的。他走得太急，还有一件更名贵的银烛台忘了拿，我这就去取来！"

冉·阿让的心灵受到了巨大的震撼。警察走后，神父对冉·阿让说："过去的就让它过去，重新开始吧！"

从此，冉·阿让洗心革面，重新做人。他搬到一个新地方，努力工作，积极上进。后来，他成功了，毕生都在救济穷人，做了大量对社会有益的事情。

人生是不相干的片段，因为人生的每一次经历都属于过去，在下一秒我们可以重新开始，可以忘掉过去的不幸、忘掉过去不如意的自己。

你不是最倒霉的人

有个穷困潦倒的销售员，每天都在抱怨自己"怀才不遇"，抱怨命运捉弄自己。

圣诞节前夕，家家户户热闹非凡，到处充满了节日的气氛。唯独他冷冷清清，独自一人坐在公园的长椅上回顾往事。去年的今天，他也是一个人，是靠酒精度过了圣诞节，没有新衣、没有新鞋，更别提新车、新房子了，他觉得自己就是这世界上最孤独、最倒霉的那一个人，他甚至为此产生过轻生的念头！

"唉！看来，今年我又要穿着这双旧鞋子过圣诞节了！"说着，他准备脱掉旧鞋子。这时，"倒霉"的销售员突然看到一个年轻人滑着轮椅从自己面前经过。他顿时醒悟："我有鞋子穿是多么幸福！他连穿鞋子的机会都没有啊！"从此以后，推销员无论做什么都不再抱怨，他珍惜机会，发奋图强，力争上游。数年以后，推销员终于改变了自己的生活，他成了一名百万富翁。

如果你失去一只手，就庆幸自己还有另外一只手，如果失去两只手，就庆幸自己还活着，如果连命都没了，就没有什么可烦恼的了。

上苍给予每个世人的苦与乐大致相同，只是世人对于苦乐的态度不同。有时我所求，却在别人处，有时我所有，正是他所求。人皆有苦，亦皆有乐。勿因苦难不能自已，殊不知有人更苦？心放平常处，人自会开怀。

人生没有删除键

很久以前，苏格拉底的几个学生向老师请教人生的真谛。充满智慧的苏格拉底把他们带到麦田边，这时正是谷物成熟的季节，田地里到处都是沉甸甸的麦穗。"你们各自顺着一行麦田从这头走到那头，每人摘一枚自己认为是最大最好的麦穗。不许走回头路，不许做第二次选择。"苏格拉底神秘地说。学生们在穿过麦田的整个过程中，都十分认真地进行着选择。等他们到达麦田的另一端时，老师已在那里等候着他们。

"你们是否都完成了自己的选择？"苏格拉底问。学生们你看着我，我看着你，都不回答。

"怎么啦？孩子们，你们对自己的选择满意吗？"苏格拉底再次问。

"老师，让我再选择一次吧！"一个学生请求说，"我走进麦田时，就发现了一个很大很好的麦穗，但是，我还想找一个更大更好的。可当我走到最后，却发现第一次看见的那枚麦穗就是最大的。"

另一个学生紧接着说："我和他恰巧相反，走进麦田不久就摘下了一枚我认为是最大最好的麦穗。可是后来我发现，麦田里比我摘下的这枚更大更好的麦穗多的是。老师，请让我也再选择一次吧！"

"老师，让我们都再选择一次吧！"其他学生一起请求。

苏格拉底坚定地摇了摇头："孩子们，没有第二次选择，这是游戏规则。"

人生有许多珍贵的东西，是值得我们一生回忆的，但也有许多应当放弃的东西，是值得我们删除的。有人说，人生没有回头键；也有人说，人生没有删除键。当你做了一件令你后悔的事后，才明白错了；当你选择了一条路后，才发现南辕北辙了。别把一切希望放在回头上，因为人生从来都不可能有回头路。既然做过了，走过了，你也就别无选择。所以，请及时地放下无法改变的过去，如此，你才能获得新的开始。

别为打翻的牛奶哭泣

艾伦经常会为很多事情发愁，他常常为自己犯过的错误自怨自艾：交完考试卷以后，常常会半夜里睡不着，咬着自己的指甲，怕自己没办法考及格；他老是在想着做过的那些事情，希望当初没有这样做；老是在想自己说过的那些话，希望自己当时把那些话说得更好。

有一天早上，艾伦和全班的同学都到了科学实验室。老师保罗·布兰德威尔博士把一瓶牛奶放在桌子边上。学生们都坐了下来，望着那瓶牛奶，不知道它跟这节生理卫生课有什么关系。然后，保罗·布兰德威尔博士突然站了起来，一掌把那瓶牛奶打碎在水槽里——一面大声叫道："不要为打翻的牛奶而哭泣。"

然后老师叫所有的人都到水槽边去，好好地看看那瓶打碎的牛奶。"好好地看一看，"老师说，"因为我要你们这一辈子都记住这一课，这瓶牛奶已经没有了——你们可以看到它都漏光了，无论你怎么着急，怎么抱怨，都没有办法再救回一滴。只要先用一点思想，先加以预防，那瓶牛奶就可以保住。可是现在已经太迟了——我们现在所能做到的，只是把它忘掉。丢开这件事情，只注意下一件事。"

这次小小的表演，在艾伦忘了他所学到的几何和拉丁文以后很久都还让他记得。事实上，这件事所教给他的，比他在高中读了那么多年书所学到的任何东西都好。它说明了一个道理，不要打翻牛奶，万一牛奶打翻、整个漏光的时候，就要彻底把这件事情给忘掉。

不要为打翻的牛奶而哭泣，不要为过往的错误过度懊悔，因为牛奶既然打翻就不可能拾起来再喝，可我们的生活还得继续。

活在现在，活在今天

莎莎是某校一名普通的学生。她曾经沉浸在考入重点大学的喜悦中，但好景不长，大一开学才两个月，她已经对自己失去了信心，连续两次与同学闹别扭，功课也不能令她满意，她对自己失望透了。

她自认为是一个坚强的女孩，很少有被吓倒的时候，但她没想到大学开学才两个月，自己就对大学四年的生活失去了信心。她曾经安慰过自己，也无数次试着让自己抱以希望，但换来的却只是一次又一次的失望。

以前在中学时，几乎所有老师跟她的关系都很好，很喜欢她，她的学习状态也很好，学什么像什么，身边还有一群朋友，那时她感觉自己像个明星似的。但是进入大学后，一切都变了，人与人的隔阂是那样的明显，自己的学习成绩又如此糟糕。现在的她很无助，她常常这样想：我并没比别人少付出，并不比别人少努力，为什么别人能做到的，我却不能呢？她觉得明天已经没有希望了，她想难道12年的拼搏奋斗注定是一场空吗？那这样对自己来说太不公平了。

"没有人活在现在，大家都活着为其他时间做准备"。所谓"活在现在"，就是指活在今天，今天应该好好地生活。这其实并不是一件很难的事，我们都可以轻易做到。

不过回到生活的原点

有一位少妇忍受不住人生苦难，遂选择投河自尽。正当此时，一位老艄公划船经过，二话不说便将她救上了船。

艄公不解地问道："你年纪轻轻，正是人生当年时，又生得花容月貌，为何偏要如此轻贱自己？要寻短见？"

少妇哭诉道："我结婚至今才两年时间，丈夫就遗弃了我。前不久，一直与我相依为命的孩子又身患重病，最终不治而亡。老天待我如此不公，让我失去了一切，你说，现在我活着还有什么意思？"

艄公又问道："那么，两年以前你又是怎么过的？"

少妇回答："那时候自由自在，无忧无虑，根本没有生活的苦恼。"她回忆起两年前的生活，嘴角不禁露出了一抹微笑。

"那时候你有丈夫和孩子吗？"艄公继续问道。"当然没有。"

"那么，你不过是被命运之船送回了两年前，现在你又自由自在，无忧无虑了。请上岸吧！"

少妇听了艄公的话，心中顿时敞亮许多，于是告别艄公，回到岸上，看着艄公摇船而去，仿佛如做了个梦一般。从此，她再也没有产生过轻生的念头。

无论是快乐抑或是痛苦，过去的终归要过去，强行将自己困在回忆之中，只会让你备感痛苦！无论明天会怎样，未来终会到来，若想明天活得更好，就必须以积极的心态去迎接它！即便曾经一败涂地，也不过是被生活送回到了原点而已。

人生的黑白点

某人连连受挫，濒临崩溃，他感觉自己的人生一片昏暗，他似乎已经找不到活下去的理由。他找到心理咨询师，向对方诉说着自己的失意与苦恼。

咨询师听完他的抱怨，取来一张中间带有黑点的白纸："先生，你看到了什么？"

"不就是一个黑点？还有什么？"该人感到莫名其妙。

"天啊，这么大一张白纸你都没有看到？"咨询师故作惊讶，"那好吧，既然你眼中只有黑点，就盯着这个黑点看两分钟。记住！不能将眼睛移向别处，看看你会有什么发现。"

该人依言而行。

"黑点似乎变大了。"

"是的，如果将眼睛集中在黑点上，它就会越来越大，乃至充斥你整个人生，这是非常不幸的。"说着，咨询师又取来一张黑纸，中间部位画有一个白点："你再看看这张。"

该人似乎有所领悟："是个白点，如果我一直看下去，它也会越来越大，对吗？"

"非常正确！倘若能够在黑暗中看到光明，并将眼睛集中在光明上，你的世界早晚会明亮起来。"

人生中的许多事就是这样，看待事物的角度不同，便会产生不同的结果。人的烦恼源于内心，快乐同样源于内心，快乐或是烦恼，要看我们的内心如何去感受。白纸上的黑点和有白点的黑纸，着眼点不同，看到的结果自然不同。人生不如意事十有八九，倘若你一直盯着"黑点"不放，它就会吞噬原本属于你的光明。挪开你的眼睛，去寻找生命中的"白点"，你一定会获得快乐和幸福。

红绿灯口

从孩提时，命运之神就好像特别跟迈克过不去。

四岁那年，迈克父母在一次车祸中丧生，他被寄养在一个远房舅舅家。迈克懂事很早，学习非常用功，成绩出类拔萃，并考上了一所名牌大学的热门专业。但毕业那年，全国的经济颓废，辛辛苦苦找了一年工作，却丝毫没有着落。

对迈克最好的，是那位六十多岁的房东老太太，她虽然满头白发，但仍然能看出安详与高贵。每次迈克回来，她都会开门高兴地招呼他，尽管迈克自己有钥匙。看到迈克沮丧的样子，老太太总是安慰他："迈克，事情没那么糟糕，一切都会好起来的。"迈克心里很感动，但他觉得，老太太根本体会不到自己的难处。他想，如果自己能像她那样，每天最重要的事，就是看着马路上川流不息的车辆以及熙熙攘攘的人群，他也一定会这样快乐。

有一天，迈克看着老太太出神的样子，不由得纳闷：在她的思想里，到底装着一个怎样的世界呢？那马路上每天都如此单调，对迈克来说，实在没有什么可看的。他终于忍不住问她："您每天都在看什么？有什么有趣的事情吗？"

老太太笑眯眯地望着迈克："孩子，那马路上的红绿灯，写下的是无数行人生命的征程，怎么会没有意思呢？"

"那有什么好看的？不就是红绿灯吗。"迈克还是不解。

"孩子，你还不明白。这人生呀，就像那红绿灯，一会儿红，一会儿绿。红的时候呀，就没法动了，动了就会出交通事故；绿的时候呢，就一路通畅无阻。"老太太顿了顿，"有时你远远看着那灯是绿的，等车子加速到了跟前，却可能突然就红了；有时远看是红的，到了跟前就变绿了。有的车到每个路口，都可能是绿灯变红灯，有的车到每个路口，都是红灯变绿灯。可是呀，它们最终都同样离开了这里，朝着遥远的地方去了。有了这红绿的变换，人生的步伐才有快慢调整，人生的景色才有五彩斑斓。为什么要为一次红灯而焦虑不安，或为一次绿灯而兴奋不已呢？"

迈克终于醒悟，原来自己一直在人生的路口撞着红灯，而绿灯总会闪起，远方依然在召唤。带着对老太太的感激，迈克开始了新的努力。

40岁那年，迈克成了美国最著名的电脑经销商，拥有亿万家产。在哈佛大学演讲那天，在如雷的掌声中，他没有忘记当年那位房东老太太的教诲。他平静地说道："我只不过是遇上了人生的绿灯而已。"

没有人可以一帆风顺，也没有人注定一生落魄。遭遇阻碍时，不要忘了给自己打气，高歌猛进时也不要忘了给自己降降温。

棺材的影响

故事说古时有两个秀才一起进京赶考，路上二人遇到一支出殡的队伍。看到一口黑乎乎的棺材，其中一个秀才心里立即"咯噔"一下，凉了半截，心想：完了，真触霉头，赶考的日子居然碰到这个倒霉的棺材。于是，心情一落千丈，走进考场，那个"黑乎乎的棺材"一直挥之不去，结果，文思枯竭，名落孙山。

另一个秀才也同时看到了那口棺材，一开始心里也"咯噔"了一下，但转念一想：棺材，棺材，噢！那不就是有"官"又有"财"吗？好，好兆头，看来今天我要红运当头了，一定高中。于是心里十分兴奋，情绪高涨，走进考场，文思如泉涌，果然一举高中。

回到家里，两人都对家人说：那"棺材"真的好灵。

同样的一双眼睛，有人看到的是刺骨的严寒，有人看到的是梅花的傲然，因而也就转化成了不同的心境。其实再多的烦恼、再多的焦虑，都由心生，放开心态，你就会体会到不一样的生活。

秀才赴考

从前有位秀才第三次进京赶考，住在一个前两次赶考住的店里。考试前两天他做了三个梦：第一个梦是梦到自己在墙上种白菜，第二个梦是下雨天，他戴了斗笠还打着伞，第三个梦是梦到跟自己心爱的女子躺在一起，但是背靠着背。临考之际做此梦，似乎与自己的前程大有关系，于是秀才第二天去找算命的解梦。算命的一听，连拍大腿说："你还是回家吧。你想想，高墙上种菜不是白费劲吗？戴斗笠还打雨伞不是多此一举吗？跟女子躺在一张床上，却背靠背，不是没戏吗？"秀才一听，心灰意冷，回店收拾包裹准备回家。店老板非常奇怪，问："不是明天就考试吗？今天怎么就打道回府了？"秀才如此这般说了一番，店老板乐了："唉，我也会解梦的。我倒觉得，你这次一定能考中。你想想，墙上种菜不是高种吗？戴斗笠打伞不是双保险吗？你跟女子背靠背躺在床上，不是说明你马上就要得到了吗？"秀才一听，觉得更有道理，于是精神振奋地参加考试，居然中了个探花。

凡事都有两面性，多从积极乐观的角度去思考，往往会有好的结局。用乐观的态度对待人生，你可以看到"青草池边处处花"，"百鸟枝头唱春山"，用悲观的态度对待人生，举目只是"黄梅时节家家雨"，低眉即听"风过芭蕉雨滴残"。譬如打开窗户看夜空，有的人看到的是星光璀璨，夜空明媚；有的人看到的是黑暗一片。一个心态正常的人可在茫茫的夜空中读出星光的灿烂，增强自己对生活的自信，一个心态不正常的人让黑暗埋葬了自己且越埋越深。

请先看完所有题目

有个自负聪明的学生参加考试。试卷一发下来，他大致浏览了一下，除了试卷上头一行"请先看完所有题目之后，再开始作答"的字样之外，有100道是非题。以他的实力，大约30分钟可答完，他满怀自信地提笔开始答题。

过了两分钟，有人满面笑容地交卷，这个聪明的学生心中暗笑："又是交白卷的家伙。"

再过五分钟，又有七八个人交卷，同样是笑容满面，看来不像是交白卷的模样。这个聪明学生看看自己只答到二十几道题，连忙加快速度，埋头作答。

待他答到第76题时，赫然发现题目写着："本次考卷不需作答，只要签上姓名交卷便得满分，多答一题多扣一分。"

他满脸狐疑地举手欲向监考老师发问，只见同时有数名考生迷惑地四处张望。

聪明的学生看着试卷第一行的说明："请先看完所有题目之后，再开始作答。"他不禁痛恨起自己答题的快速。

在我们的人生历程中，不难看到类似的情形，自视过高，不听意见，这是一般人常犯的错误。尤其在学习成长的路上，归零的心态是我们必须首先拥有的。只有将自己心中那杯已长满青苔的死水倒掉，方能承接学习过程中新注入的清泉。而且要不止一次地将杯子倒空，因为你每次学习所吸收的新东西，很快地又会将你心中的杯子装满。所以你必须拥有属于自己的智慧贮水库，时时不忘将杯内的水倒入水库中，使杯子永保中空，随时可承接新的事物。

真的痛了自然放下

有个年轻人情感受挫，遭遇朋友的背叛，事业上又遭遇桎梏，他为此忧伤满腹，惶惶不可终日，常借酒精来麻醉自己。

家族中一长者听闻这种情况，主动前来劝慰，但奈何说尽良言，该人始终不为所动，依旧满脸哀愁。最后该人说道：

"您不用再说了，我都明白，但我就是放不下一些人和事。"

长者道："其实，只要你肯，这世间的一切都是可以放下的。""有些人和事我就是放不下！"该人似乎有点不耐烦。

长者取来一只茶杯，并递到该人手中，然后向杯内缓缓注入热水。水慢慢升高，最后沿着杯口外溢出来。

该人持杯的手马上被热水烫到，他毫不迟疑地松开了手，杯子应声落地。

长者似在自语："这世间本没有什么放不下的，真的痛了，你自然就会放下。"

该人闻言，似有所悟……

是的，这世间本没有什么是放不下的，真的痛了，你自然就会放下！

在一些人看来，有些事似乎是永远放不下的，但事实上，没有人是不可替代的，没有任何事物是必须紧握不放的，其实我们所需要的仅仅是时间而已。或许有人要问——有没有一种方法，能让人在放下时不会感到疼痛？答案是否定的，因为只有在真正感到痛时，你才会下决心放下。

不要刻意去遗忘，更不要长期沉浸于痛苦之中。

人生短暂，根本不够我们去挥霍，在人生的旅程中，每一段消逝的感情，每一份痛苦的经历，都不过是过客而已，都应该坦然以对。我们所要做的是珍惜现在，做自己喜欢做、自己该做的事情，过好人生中的每一天。

放宽心，淡化痛

一次又一次的挫折，令他忍不住向父亲抱怨起来。父亲听完儿子的诉苦，令其取来一碗白开水、一把食盐，并要他将二者搅匀，然后对儿子说道："现在，你来尝一尝这碗水的味道如何。"

他虽不知其意，但还是照做了，喝下一小口盐水，随即便吐了出来："很苦、很涩，根本无法下咽。"

父亲又命其取来一小盆水和一把食盐，依旧搅匀："现在，你再尝一下。"

这次，他没有将水吐出来，而是皱眉咽了下去："虽然还是很咸，但能够忍受。"

父亲笑了笑，带着他来到泉边，将一把盐撒入泉水中："你再尝一尝。"

他依言，又尝了尝泉水的味道："一点咸味也没有，还是那样甘甜。"

父亲笑着拍了拍他的肩膀："人生的挫折与苦痛就如同这些盐，它们有一定的数量，既不会多也不会少，而我们承受痛苦的容积的大小则决定着痛苦的程度。所以当你感到痛苦的时候，就把你的承受的容积放大些，把心变宽，让心像这眼泉，而不是一碗水。"

一句话令他豁然开朗，心中的阴云就此一扫而光……

人生的苦痛有时候会把一个人击倒，有时候却让一个人依然如故，谈笑风生。区别就在于你能否有宽阔的胸怀去容纳痛苦。如果你能用自己宽阔的心灵之湖去溶解那小小的苦涩，那么苦就不再是苦了。

你一直拥有整个世界

圣诞之夜，绚烂的礼花夺去了原本属于星空的美丽。在礼花闪耀的瞬间，一位老妇人看到有个年轻人在轻轻哭泣。

老妇人走上前，关心地问道："如此美好的夜晚，你为什么要哭泣呢？"

年轻人抬起头，伤心地说："这个世界要剥夺我眼睛欣赏的能力，我的世界即将永远失去色彩，一生在黑白之中度过！"

老妇人闻言，拉起年轻人的胳膊，说道："那么，你随我去一个地方好吗？"

两个人不知走了多久，直到一个华丽的歌剧院门口才停下来。老妇人轻轻闭上眼睛，就那样静静伫立着，过了好一会儿，她才说："你听到没有？多么美妙的音乐？你能不能听出它的颜色？如果上天剥夺了我们用眼睛欣赏的能力，我们就用听去欣赏，因为它也是你世界中的一部分。"年轻人闻言，露出了欣喜的笑容。

一个月以后，老妇人又在广场上看到了那个年轻人，这次他躲在角落中暗自流泪。老妇人很是纳闷，走上前问道："你为什么又要哭呢？"可是年轻人丝毫没有反应。老妇人拍了拍他的肩，年轻人随即抬起头来，见到是老妇人反而哭得更伤心。他哽咽着说："现在，我连唯一可以感觉色彩的听觉也丧失了，我余下的人生该怎样度过？我真的很害怕啊！"像上次一样，老妇人又将年轻人带到了一个空旷的体育场，她说："你可以尽情地去奔跑，把所有的痛苦都发泄出来，如果累了就停下来。"年轻人依言而行，他在体育场上疯跑、呼喊，直到筋疲力尽。老妇人走了过来，说："你看，这片土地可以任你尽情奔跑，你还可以用脚去感受这个世界，而很多人连脚都没有，你不觉得幸运吗？"年轻人想了想，感到老妇人说得很有道理，于是又高兴地笑了起来。

没过多久，老妇人再一次遇到年轻人，这次他已经哭成了泪人，哭声中透露着无比的绝望与悲哀。他坐在轮椅上，向老妇人哭诉自己的不幸："老天先是夺去了我欣赏色彩的能力，而后又剥夺了我倾听世界的权利，现在他连用脚感知世界的幸福都一并夺去，这个世界已经彻彻底底放弃了我，我活着还有什么意义？"老妇人让年轻人张开双臂，轻风拂过年轻人的脸庞、发丝、身体，亦如慈母那充满爱怜的双手。年轻人突然明白了老妇人的用意，他再次笑了起来。老妇人拉过他的手，在手心中写道：世界不会抛弃任何人，只有你会抛弃你自己。年轻人感到非常幸福和满足，因为他一直拥有整个世界！

几个月以后，老妇人再次见到了年轻人，不过，这次是在宣扬"残疾人成功创业事迹"的电视访谈节目上。

命运并不可怕，怕的是向命运屈服，世界不会抛弃谁，那些受不了挫折打击的人，是他们抛弃了世界。于是从此，他们便真的一无所有了。这个世界真的挺好，阳光就在我们头顶，阔土就在我们脚下，只要你不放弃，这个世界永远属于你。

命运之牌

很多年前，美国的一个小男孩与家人一起打牌，他连续抓了几次烂牌，而且都输了，这时，他开始抱怨自己的手气太差、运气不好。他的母亲听到这些，放下手中的牌，严肃、认真地对小男孩说："不管你抓的牌怎样，你都必须要接受它，并且要尽最大的努力将牌打好！"小男孩看着母亲那郑重其事的面孔，有些发愣，似懂非懂地点了点头。他的母亲继续说道："人生也是这样，上帝为每一个人发牌，牌的好坏根本不由自己选择，但我们可以用好的心态去接受现实，并竭尽全力，让手中的牌发挥出最大威力，赢得最好的局面。"

母亲的这番教诲被小男孩一直牢记心上，从此以后，他不再抱怨自己的命运，他总是能以良好的心态去迎接人生的每一次挑战。良好的心态造就了他的人生，他克服人生中的困难，一步步地成为陆军中校、盟军统帅、美国总统。

他就是——美国第 32 任总统——艾森豪威尔。

上帝会给每个人发一副命运牌，如果你不幸抓到了一副烂牌，那么不要沮丧，因为这已经不能改变，那么接下来你所要做的，就是尽力打好它！

如果不幸已经发生

一对夫妇在婚后十年才生了一个男孩，夫妻恩爱，男孩自然是二人的心肝宝贝。男孩三岁生日那天，丈夫在出门上班之时，看到桌上有一瓶药打开了，不过因为急着去单位，他只是嘱咐妻子将药收好，然后就出门而去，开始忙碌的一天。妻子在厨房中也是忙得晕头转向，一时间就忘了丈夫的叮嘱。

而那个小男孩竟凑巧发现了这个药瓶，他拿起药瓶，出于好奇，又被药水的颜色所吸引，于是全部喝了下去。结果，男孩服药过量，被送到医院时，已经无力回天了。

妻子被这突如其来的事件吓傻了，她不知道该如何面对自己的丈夫。丈夫听到这一消息以后，火速赶到医院，当他得知噩耗以后，不禁悲痛欲绝，他看着儿子的尸体，又看了看呆立的妻子，接下来的反应令在场的所有人都瞠目结舌，他竟然——只是说："亲爱的，我爱你。"

这位丈夫在得知噩耗以后，并没有情绪失控，迁怒于妻子，而是强忍住心中的悲痛，安抚妻子。因为他知道，儿子的死已经是既成事实，纵然不原谅妻子也无力回天，反而会让这个家蒙上更重的阴影。同时他也知道，妻子本是无心之失，已经很难过了，又何苦在她的伤口上撒盐呢？我们是不是也该有这种成熟的心智呢？——不幸的事情既然已经发生，我们唯一能做的就是接受事实，并使之朝着好的方向发展。

包袱

古时候，两军交战，百姓纷纷离开家乡，以避战乱。一伙百姓仓皇逃到河边，他们丢下了身上所有的重物，包括贵重的物件，拥挤着登上了仅有的一条渡船，船家正要开船，岸边又赶来了一人。

来人不停地挥手、叫喊，苦苦恳求船家把他也带上。船家回答道："我这条船已经载了很多人，马上就要超载了，你要是想上船过河，就必须把身上的大包袱统统扔掉，否则船会被压沉的。"

那人迟疑不决，包袱里可是他的全部家当。

船家有些不耐烦，催促道："快扔掉吧！这一船人谁都舍不得的东西，可他们都扔掉了。如果不扔，船早就被压沉了。"

那人还在犹豫，船家又说："你想想看，包袱和人到底孰轻孰重？是这一船人的性命重要，还是你的包袱重要？你总不能让一船人都因为你的包袱惶恐不安吧！"

人的一生，都在不间断地经历时过境迁。适时地遗忘一些经历，不但能给自己带来快乐，还能给别人带来幸福。要知道，包袱虽然只属于你自己，但它却会令一船人为之担心不已，这其中包括你的父母、你的朋友……

感谢伤口

朋友的三岁儿子罹患先天性心脏病，最近动过一次手术，胸前留下一道深长的伤口。

朋友告诉我，孩子有天换衣服，从镜中看见疤痕，竟骇然而哭。"我身上的伤口这么长！我永远不会好了。"她转述孩子的话。

孩子的敏感早熟令我惊讶；朋友的反应更让我动容。

她心酸之余，解开自己的裤子，露出当年剖宫产留下的刀口给孩子看。

"你看，妈妈身上也有一道这么长的伤口。"

"因为以前你还在妈妈的肚子里的时候生病了，没有力气出来，幸好医生把妈妈的肚子切开，把你救了出来，不然你就会死在妈妈的肚子里面。妈妈一辈子都感谢这道伤口呢！

"同样地，你也要谢谢自己的伤口，不然你的小心脏也会死掉，那样就见不到妈妈了。"

感谢伤口！这四个字如钟鼓声直撞心头，我不由低下头，检视自己的伤口。

它不在身上，而在心中。

那时节，工作屡遭挫折，加上在外独居，生活寂寞无依，更加重了情绪的沮丧、消沉，但生性自傲的我，不愿示弱，便企图用光鲜的外表、强悍的言语加以抵御。

隐忍内伤的结果，终至溃烂、化脓，直至发觉自己已经开始依赖酒精来逃避现状，为了不致一败涂地，才决定举刀割除这颓败的生活，辞职搬回父母家。

如今伤势虽未再恶化，但这次失败的经历却像一道丑陋的疤痕，刻画在胸口。认输、撤退的感觉日复一日强烈，自责最后演变为自卑，使我彻底怀疑自己的能力。

好长一段时日，我蛰居家中，对未来裹足不前，迟迟不敢起步出发。

朋友让我懂得从另一方面来看待这道伤口：庆幸自己还有勇气承认失败，重新来过，并且把它当成时时警醒自己，匡正以往浮夸、矫饰作风的记号。

感谢伤口，更感谢朋友！

当发现自己错了，首先要做的不是该如何去遮掩，而是该如何改过。对自己的弱点和失败避之唯恐不及，试图找理由逃避，最终不是失败的痛楚再次使你倒下，就是在遮蔽中失去其他值得留存的东西。

错过也无妨

美国的哈佛大学要在中国招一名学生，这名学生的所有费用由美国政府全额提供。初试结束了，有 30 名学生成为候选人。

考试结束后的第十天，是面试的日子。30 名学生及其家长云集锦江饭店等待面试。当主考官劳伦斯·金出现在饭店的大厅时，一下子被大家围了起来，他们用流利的英语向他问候，有的甚至还迫不及待地向他做自我介绍。这时，只有一名学生，由于起身晚了一步，没来得及围上去，等他想接近主考官时，主考官的周围已经是水泄不通了，根本没有插空而入的可能。

他错过了接近主考官的大好机会，于是有些懊丧起来。正在这时，他看见一个外国女人有些落寞地站在大厅一角，目光茫然地望着窗外。他想：身在异国的她是不是遇到了什么麻烦，不知自己能不能帮上忙。于是他走过去，彬彬有礼地和她打招呼，然后向她做了自我介绍，最后他问道："夫人，您有什么需要我帮助的吗？"接下来两个人聊得非常投机。

后来这名学生被劳伦斯·金选中了。在 30 名候选人中，他的成绩并不是最好的，而且面试之前他错过了跟主考官套近乎、加深自己在主考官心目中印象的最佳机会，但是他却无心插柳柳成荫，原来，那位异国女子正是劳伦斯·金的夫人。这件事曾经引起很多人的震动：

原来错过了美丽，收获的并不一定是遗憾，有时甚至可能是圆满。

生活就是如此，跋涉于生命之旅，我们的视野有限，如果不肯错过眼前的一些景色，那么可能错过的就是前方更迷人的景色，只有那些善于舍弃的人，才会欣赏到真正的美景。

有些错过会诞生美丽，只要你的眼睛和心灵始终在寻找，幸福和快乐很快就会来到。只是有的时候，错过需要勇气，也需要智慧。

还有选择的自由

美国有一个黑人青年，他自幼在贫民窟长大，童年时缺乏良好的教育和指导，遂跟坏孩子学会了逃学、破坏和吸毒。12 岁那年，他因抢劫商店而被捕，关进了少管所；15 岁时，他又因企图撬开办公室的保险箱，再次身陷囹圄；后来，因为参与武装打劫，作为成年犯他第三次被送入监狱。

一天，监狱里一个年老的无期徒刑犯看到他在打垒球，便对他说："你是有能力的，你有机会做你自己的事，不要自暴自弃。"

年轻人反复思索老囚犯的话，他突然意识到，虽然自己身在监狱，但至少还拥有选择的自由：他能够选择在出狱后干什么；他能够选择不再成为恶棍；他能够选择重新做人，当一个垒球手。

五年后，年轻人成了明星赛中底特律老虎队的队员。底特律垒球队当时的领队马丁在友谊比赛时，访问过监狱，由于他的努力，年轻人得以假释出狱。此后不到一年，年轻人就成了垒球队的主力队员。

这个年轻人尽管曾陷入生活的低谷，尽管曾是一名囚犯，然而，他认识到了真正的自由，这种自由是我们人人都有的，它存在于自由选择的绝对权利之中，我们所有的人都拥有这种权利！

孪生兄弟

一对孪生兄弟，虽然长得极其相像，但性格却迥然不同。哥哥天性乐观，看不出他有什么烦恼；弟弟却整日哭丧着脸，好像世界末日就要来临一样。

为使兄弟俩的性格综合一下，父亲给了弟弟一大堆玩具，而后又将哥哥关进马棚。过了一个小时，父亲前去观察这兄弟俩的动静，却发现哥哥正在不亦乐乎地挖着马粪，而弟弟则抱着玩具在哭。

"有这么多玩具陪你，你为什么还要哭呢？"父亲问弟弟。

"如果我玩这些玩具的话，它们就会变旧，有可能还会坏掉。"弟弟伤心地回答。

"为什么把你关进又脏又臭的马棚，你还这样高兴？"父亲转头问哥哥。

"我想看看能不能从马粪中挖出一只小马驹啊。"哥哥说完又跑进了马棚。

父亲长叹了一口气，从此放弃了改变二人的念头。

后来，这对兄弟长大成人，弟弟依旧那样悲观，他时常抱着半杯可乐发愁——哎！只剩下半杯了；哥哥还是那个乐天派，他会为发现半杯可乐而欣喜——感谢上帝，还为我留着半杯可乐！

再后来，弟弟一脸忧伤地离开了人世，他一生都没有开心过；哥哥走的时候，脸上则布满了微笑，他一生都没有忧伤过。

幸福与快乐离我们根本就不远，我们之所以觉得它遥不可及，就是因为我们心态出了问题，我们总是习惯性地看向生活中不好的一面，用自找的苦恼折磨自己，那么即使幸福就在身边，我们也不会察觉。

别为不可预知的事情自寻烦恼

飞机正在白云之上翱翔。机舱内，空姐微笑着给乘客送食品。陈老板细细地品尝美食，而邻座的年轻人却愁眉苦脸地望着窗外的天空。陈老板颇为好奇，热情地问："小伙子，怎么不吃点儿？这伙食标准不低，味道也不错。"

年轻人慢慢地扭过头，不无尴尬地说："谢谢，您慢用，我没胃口。"

陈老板仍热情地搭讪："年纪轻轻的怎么会没胃口？是不是遇到什么不开心的事啦？"

面对陈老板热心地询问，年轻人有些无奈："遇到点儿麻烦事，心情不太好，但愿不会破坏了您的好胃口。"

陈老板非但不生气，反倒更热心了："如果不介意，说来听听，兴许我还能给你排忧解难。"

年轻人看了看表，还有一个多小时才能到目的地，聊就聊聊吧。年轻人说："昨夜接到女朋友的电话，说有急事要和我谈谈。问她有什么事，女朋友表示见了面再说。"

陈老板听后笑了："这有什么犯愁的呀？见了面不就全清楚了吗？"

年轻人说："可她从来没这么和我说过话。要么是出了什么大事，要么就是有什么变故，也许是想和我分手，电话里不便谈。"

陈老板笑出声："你小小年纪，想法可不少。也许没那么复杂，是你想得太多。"

年轻人叹道："我昨天整个晚上都没合眼，总有一种不祥的预感。唉，你是没身临其境，哪能体会我此刻的心情。你要是遇到麻烦，就不会这样开心啦。"

陈老板依然在笑："你怎么知道我没遇到麻烦事？也许你的判断不够准确。"说着，陈老板拿出一份合同，"我是去广州打官司的，我们公司遇到前所未有的大麻烦，还不知能否胜诉。"

年轻人疑惑地问："您好像一点儿也不着急。"

陈老板回答："说一点儿不急那是假，可急又有什么用呢？到了之后再说，谁也不知道对方会耍什么花样儿。可能我们会赢，也可能一败涂地。"

年轻人不禁有点佩服起眼前这位儒雅的绅士来。一晃几十分钟过去，到达了目的地广州，陈老板临别给了年轻人一张名片，表示有时间可以联系。

几天后，年轻人按照名片上的号码给陈老板去了个电话："谢谢您，陈董事长！如您所料，没有任何麻烦。我女朋友只想见见我，才出此下策。您的官司打得怎么样？"

陈董事长笑声爽朗："和你一样，没什么大麻烦。对方已撤诉，我们和平解决。小伙子，我没说错吧，很多事情面对了之后再说，提前犯愁无济于事。"年轻人由衷地佩服这位乐观豁达的董事长。

许多烦心和忧愁都是我们自己给自己绑的绳索，是对自己心力的一种无端耗费，无异于自己给自己设置了一个虚拟的精神陷阱。只要好好把握现在，什么事情都可能出现转机。同样，遇到苦恼的时候，我们没有必要觉得它有多么让人恐惧，不要在自己的想象中把未来还未发生的事情想得那么可怕。有的时候试着把这一切的一切抛在脑后，让其顺其自然地发展，也许一切就会在不知不觉中迎刃而解了。

把药裹进糖里

曾见过这样一位母亲，她没有什么文化，只认识一些简单的文字，会一些初级的算术，但她教育孩子的方法着实令人称赞。

她家的瓶瓶罐罐总是装着不多的白糖、红糖、冰糖，那时候孩子还小，每每生病一脸痛苦，她都会笑眯眯地和些白糖在药里，或者用麻纸把药裹进糖里，在瓷缸里放上一刻，然后拿出来。那些让小孩子望而生畏的药片经这位母亲那么一和一裹，给人的感觉就不一样了，在小孩子看来就充满诱惑，就连没病的孩子都想吃上一口。

在孩子们的眼中，母亲俨然就是高明的魔术师，能够把苦的东西变成甜的，把可怕的东西变成喜欢的。

"儿啊，尽管药是苦的，但你咽不下去的时候，把它裹进糖里，就会好些。"这是一位朴实的家庭妇女感悟出的生活哲理，她没有文化，但却很懂生活。

这是一种"减法思维"，减去了药的苦涩，就不会难以下咽。如今，她的孩子都已长大成人，也都有了自己的家庭，但每当情绪低落的时候，就会想起母亲说的那句话：把药裹进糖里。

她只是个普通的家庭妇女，在物质上无法给予子女大量的支持，但带给他们的精神财富却足以令其享用一生。她灌输给子女的是一种苦尽甘来的信仰，把生活的苦包进对美好未来的冥想之中，就能冲淡痛苦；心中有光，在沉重的日子里以积极的心态去冥想，就能够改变境况。

生命之光

二战时期，在纳粹集中营里，有一个叫玛莎的小女孩写过一首诗："这些天我一定要节省，我没有钱可节省，我一定要节省健康和力量。我一定要节省我的思想、我的心灵、我精神的火。我一定要节省流下的泪水，我需要它们很长时间。我一定要节省忍耐，在这些风雪肆虐的日子，情感的温暖和一颗善良的心，这些东西我都缺少。这些我一定要节省。这一切是上帝的礼物，我希望保存。我将多么悲伤，倘若我很快就失去了它们。"

在生命都遭受到威胁的时刻，这个叫玛莎的小女孩仍然通过积极的暗示给灵魂取暖。她不怨天尤人，而是将希望之光一点点聚敛在心里，或许生命中有限的时间少了，但心中的光却多了。那些看似微弱的火光，足以照亮她所处的阴暗角落。

6

第 六 辑

所谓坚强：

只有流过血的手指，
才能弹出人世间的绝唱

每一个优秀的人，都有一段沉默的时光。那一段时光，付出了很多努力，忍受了孤独和寂寞，不抱怨不诉苦，日后说起时，连自己都能被感动。

不破茧，不成蝶

生物学家说，飞蛾在由蛹变茧时，翅膀萎缩，十分柔软；在破茧而出时，必须经过一番痛苦的挣扎，身体中的体液才能流到翅膀上去，翅膀才能充实有力，才能支持它在空中飞翔。一天有个人凑巧看到树上有一只茧开始活动，好像有蛾要从里面破茧而出，于是他饶有兴趣地准备见识一下由蛹变蛾的过程。

但随着时间的一点点过去，他变得不耐烦了，只见蛾在茧里奋力挣扎，将茧扭来扭去的，但却一直不能挣脱茧的束缚，似乎是再也不可能破茧而出了。

最后，他的耐心用尽，就用一把小剪刀，把茧上的丝剪了一个小洞，让蛾出来可以容易一些。果然，不一会儿，蛾就从茧里很容易地爬了出来，但是它的身体非常臃肿，翅膀也异常萎缩，耷拉在两边伸展不起来。

他等着蛾飞起来，但那只蛾却只是跌跌撞撞地爬着，怎么也飞不起来，又过了一会儿，它就死了。

很多人惧怕逆境，但事实上，逆境是我们成长必经的过程，而只有勇于接受逆境的人，生命才会日渐茁壮。我们的人生需要选择，我们的生命也需要蜕变，每每苦难来袭，面临选择和放弃，我们都要有足够的勇气，改变自己，只有这样，我们才能获得更精彩的生活。

另一种赐予

意大利庞贝城中有位卖花女，名字叫作倪娣雅。她虽然自幼便双目失明，一直生活在黑暗之中，但却从不自怨自艾，也没有自我封闭起来，而是勇敢地选择去面对，她要像常人一样自食其力。

那日，维苏威大火山爆发了，庞贝城遭受着空前的灾难，整座城市笼罩在浓烟和尘埃之中，不断遭受着地震的侵袭。是时，正值漆黑的午夜，惊慌失措的居民跌跌撞撞寻找出路，却始终无法走出"迷宫"。

倪娣雅一直生活在黑暗之中，这些年来又一直在走街串巷地在城里卖花，她的不幸反而成了大幸，倪娣雅依靠自己的触觉和听觉找到了求生之路，与此同时，她还救出了许多市民。

上苍真的很公平，命运在向倪娣雅关闭一扇门的同时，又为她开启了另一扇门。世上的任何事物都是多面的，我们所看到的往往只是其中一个侧面，这个侧面让人痛苦，但痛苦大多可以转化。有一个成语叫作"蚌病成珠"，这是对生活最贴切的比喻。蚌因体内嵌入沙粒而痛苦，伤口的刺激使它不断分泌物质疗伤，待到伤口复合时，患处就会出现一粒晶莹的珍珠。试想，哪粒珍珠不是由痛苦孕育而成的呢？

避开风雨的麦子

有这样一个故事：有一年上帝看见农民种的麦子硬朗累累，觉得很开心。

农夫见到上帝却说："50 年来我没有一天结束祈祷，祈祷年年不要有风雨、冰雹，不要有干旱、虫灾。可无论我怎样祈祷总不能如愿。"这时，农夫忽然吻着上帝的脚说："我全能的主呀！您可不可以明年承诺我的恳求，只要一年的时光，不要大风雨、不要烈日干旱、不要有虫灾？"

上帝说："好吧，明年必定如你所愿。"

第二年，由于没有狂风暴雨、烈日与虫灾，农民的田里果然结出很多麦穗，比往年的多了一倍，农民高兴不已。可等到秋天的时候，农夫发现所有的麦穗竟全是瘪瘪的，没有什么好籽粒。农夫含泪问上帝，说："这是怎么回事？"

上帝告诉他："由于你的麦穗避开了所有的考验，才变成这样。"

一粒麦子，尚且离不开风雨、干旱、烈日、虫灾等挫折的考验，对于一个人，更是如此。

把你的一生泡在蜜罐里，你也感觉不到甜的滋味，因为有了苦味，我们才知道守候与珍惜，守候平淡与宁静，珍惜活着的时光。总有些苦是必须吃的，今天不苦学，少了精神的滋养，注定了明天的空虚；今天不苦练，少了技能的支撑，注定了明天的贫穷。

最优经验

有一个小男孩，因为疾病而导致左脸局部麻痹，嘴角畸形，相貌丑陋，还有一只耳朵失聪。

他讲话时不仅嘴巴总是歪向一边，而且还有口吃。为了矫正自己的口吃，小男孩模仿古代一位著名的演说家，嘴里含着小石子苦练讲话。母亲看到儿子的嘴巴和舌头都被石子磨破了，流着眼泪心疼地说："不要练了，妈妈照顾你一辈子。"懂事的小男孩一边替妈妈擦着眼泪一边说："妈妈，您对我说过，每一只漂亮的蝴蝶，都是在经过痛苦的抗争，冲破了茧的束缚之后才变成的。我就是要在苦练中变成一只美丽的蝴蝶。"

经过日复一日地苦练，小男孩终于能够流利地讲话了。由于他的勤奋和善良，在中学毕业时，不仅取得了优异成绩，还赢得了同学们的普遍好评。

苍天不负苦心人。1997年，63岁的他勇敢地参加了加拿大全国的总理大选。他的对手居心叵测地利用电视广告夸张他的脸部缺陷。然后写上这样的广告词："你要这样的人来当你的总理吗？"但是。这种极不道德的、带有人格侮辱性质的攻击，引起了大部分选民的愤怒和谴责。他的成长经历被人们知道后，赢得了广大选民极大的同情和尊敬。"我要带领国家和人民成为一只美丽的蝴蝶！"他的这个竞选口号深得人心，使他以高票当选为总理，并在2000年再次获胜。他就是加拿大第一位连任两届的总理让·克雷蒂安，人们亲切地称他是"蝴蝶总理"。

在心埋学上有一种"最优经验"的说法，是指，当一个人自觉将体能与智力发挥到极致之时，就是"最优经验"出现的时候，而通常，"最优经验"都不会在顺境之中发生，反而是在千钧一发的危机或最艰苦的时刻涌现。"蝴蝶总理"之所以能够战胜苦难，就是因为困境激发了他采取最优的应对策略，最终成就了人生。

没有谁是你的靠山

一名中国学生以优异的成绩考入美国一所著名学府。初来乍到，人地生疏，思乡心切，饮食又不习惯，他不久便病倒了。为了治病，留学生花了不少钱，他的生活渐渐地陷入了窘境。

病好以后，他来到当地一家中国餐馆打工，每个小时会有八美元的收入，但仅仅干了两天，他就嫌累辞了工。一个学期下来，他身上的钱已然所剩无几，于是趁着放假，他便退学回了家。

在他走出机场时，远远便看见前来迎机的父亲。他兴奋地迎着父亲跑去，父亲则张开双臂准备拥抱久违的儿子。可就在父子相拥的一刹那，父亲突然退后一步，他扑了个空，重重摔倒在地上。他不解，难道父亲为自己退学的事动了大怒？下一秒，父亲将他拉起，语重心长地说道："孩子你记住，这个世界上没有任何一个人会做你的永久靠山。你要想生存，想在惨烈的竞争中胜出，就只能靠你自己！"随后，父亲递给他一张返程机票。

他万里迢迢回到家乡，却连家门都没入便返回了学校。从此，他发奋学习，竭力适应环境。一年以后，他斩获了院里的最高奖学金，并在一家具有国际影响力的刊物上发表了数篇论文。

命运就像掌纹一样，虽然弯曲杂乱，却只有你能掌握。无论环境何其艰苦，只要我们懂得自信、自立、自强，就一定可以写出一个工工整整的"人"字。

最没眼光的合伙人

如今，从市值上看，苹果电脑公司已经成为超级企业。一直以来，大家都只知道已故的乔布斯先生是苹果公司的创始人，其实在三十多年前，他是与两位朋友一起创业的，其中一名叫惠恩的搭档，被美国人称为"最没眼光的合伙人"。

惠恩和乔布斯是街坊，两个人从小都爱玩电脑。后来，他们与另一个朋友合作，制造微型电脑出售。这是又赚钱又好玩的生意。所以三个人十分投入，并且成功地制造出了"苹果一号"电脑。在筹备过程中，他们用了很多钱。这三位青年根本没有什么资本可言，于是大家四处借贷，请求朋友帮忙。三个人中，惠恩最为吝啬，只筹得了相当于三个人总筹款的十分之一。不过，乔布斯并没有说什么，仍成立了苹果电脑公司，惠恩也成了小股东，拥有了苹果公司十分之一的股份。

"苹果一号"首次出台大受市场欢迎，共销售了近十万美元，扣除成本及欠债，他们赚了4.8万美元。在分利时，虽然按理惠恩只能分得4800美元，但在当时这已经是一笔丰厚的回报了。不过，惠恩并没有收取这笔红利，只是象征性地拿了500美元作为工资，甚至连那十分之一的股份也不要了，便急于退出苹果公司。

当然，惠恩不会想到苹果电脑后来会发展成为超级企业。否则，即使惠恩当年什么也不做，继续持有那十分之一的股份，到现在他的身价也足以达到十亿美元了。

那么，当年惠恩为什么会愿意放弃这一切呢？原来，他很担心乔布斯，因为对方太有野心，他怕乔布斯太急功近利，会使公司背负上巨额债务，从而连累了自己。

惠恩在放弃自己应该承担的责任的同时，也就宣告与成功及财富擦肩而过了。可以说，这件事给年轻人上了很好的一课：只有那些敢于承担额外责任的人，才能比别人获得更多的额外机会！

我必须面对我的残疾

罗斯福 1900 ~ 1907 年就读于哈佛大学和哥伦比亚大学。他中年成器，1910 年当选为纽约州参议员，1913 ~ 1920 年任助理海军部长，是政界和军界中一颗耀眼的新星。

青云直上、如日中天的他，1921 年却意外地患了脊髓灰质炎症，导致下肢瘫痪。起初，他一点也不能动，必须坐在轮椅上，整天依赖别人把他抬上抬下。在突如其来的打击下，他心灰意冷，差点退隐乡园。

但是，他没有被厄运打垮，而是重新振奋精神，直面自己的残疾.

坚持一个人不屈不挠地练习自理、自立的能力。

有一天，他告诉家人说，他发明了一种上楼梯的方法，并愿意表演给大家看。原来，他是先用手臂的力量，把身体撑起来，挪到台阶上，然后再把腿拖上去，就这样一个台阶、一个台阶艰难缓慢地爬上楼梯。他的母亲阻止他说："你这样在地上拖来拖去的，让别人看见了有多难看。"罗斯福断然地说："我必须面对和战胜自己的残疾。"

正所谓自助者天助之。七年以后，罗斯福不仅东山再起，而且逐步攀登上人生的巅峰。1928 ~ 1933 年，他出任纽约州长。任期内，美国发生严重经济危机，他采取措施，建立救济机构，颇见成效。1933 年 3 月，罗斯福以高票当选入主白宫，对内积极推行以救济、改革和复兴为主要内容的"新政"，对缓解经济危机、促进经济复苏起了一定作用；在对外关系上，他改善与拉丁美洲各国的关系，并与苏联建交。在 1936 年、1940 年和 1 944 年的大选中，罗斯福又连续三次当选，成为美国历史上唯一蝉联四届的总统。

人生中的逆境，对于强者而言，是一所最好的学校；但对弱者而言，则是颠覆生活之舟的惊涛骇浪。如果说顺境能埋没人才，造就幸运儿，那么逆境则能甄选出真正的人才，造就伟大的传奇。

别为灾难的降临而感到痛苦

已故的爱德华·埃文斯先生，从小生活在一个贫苦的家庭，起初只能靠卖报来维持生计，后来在一家杂货店当营业员，家里好几口人都靠着他的微薄工资来度日。后来他又谋得一个助理图书管理员的职位，依然是很少的薪水，但他必须干下去，毕竟做生意实在是太冒险了。在八年之后，他借了50 美元开始了他自己的事业，结果事业的发展一帆风顺，年收入达两万美元以上。

然而，可怕的厄运在突然间降临了。他替朋友担保了一笔数额很大的贷款，而朋友却破产了。祸不单行，那家存着他全部积蓄的大银行也破产了。他不但血本无归，而且还欠了一万多美元的债，在如此沉重的双重打击下，埃文斯终于倒下了。他吃不下东西，睡不好觉，而且生起了莫名其妙的怪病，整天处于一种极度的担忧之中，大脑一片空白。

有一天，埃文斯在走路的时候，突然昏倒在路边，以后就再也不能走路了。家里人让他躺在床上，接着他全身开始腐烂，伤口一直往骨头里面渗了进去。他甚至连躺在床上也觉得难受。医生只是淡淡地告诉他：只有两个星期的生命。埃文斯索性把全部都放弃了，既然厄运已降临到自己头上，只有平静地接受它。他静静地写好遗嘱，躺在床上等死，人也彻底放松下来，闭目休息，却每天无法连续睡着两小时以上。

时间一天一天过去，由于心态平静了，他不再为已经降临的灾难而痛苦，他睡得像个小孩子那样踏实，也不再无谓地忧虑了，胃口也开始好了起来。几星期后，埃文斯已能拄着拐杖走路，六个星期后，他又能工作了。只不过是以前他一年赚两万美元，现在是一周赚 30 美元，但他已经感到万分高兴了。

他的工作是推销用船运送汽车时在轮子后面放的挡板。他早已忘却了忧虑，不再为过去的事而懊恼，也不再害怕将来，他把自己所有的时间、所有的精力、所有的热忱都用来推销挡板。日子又红火起来了，不过几年而已，他已是埃文斯工业公司的董事长了。

面对不幸和困境，如果能够平静而理智地对待它、利用它，往往能够收获好的结局。相反，那些始终试图改变既成事实的人，虽然看起来很辛苦、很努力，其实他们的内心倒可能是软弱的：他们无法说服自己接受不幸和困境，他们选择了欺骗自己。

只不过输了一场比赛而已

1985 年，17 岁的鲍里斯·贝克作为非种子选手，赢得了温布尔登网球公开赛冠军，一举震惊了世界。一年以后他卷土重来，成功卫冕。又过了一年，在一场室外比赛中，19 岁的他在第二轮输给了名不见经传的对手，因而出局。在后来的新闻发布会上，人们问他有何感受。他以在他那个年龄少有的机智回答道："你们看，没人死去——我只不过输了一场网球赛而已。"

是的，只不过输了一场比赛而已。当然，这是温布尔登网球公开赛；奖金很丰厚，但这不是生死攸关的事情！当你遭遇挫折时，就当是为自己交一次学费好了。人生之中，我们难免也要输掉几场比赛。这可能会令你的努力付之东流，当然也可能会让你遭到讽刺或质疑，但这不是生死攸关的事情！

世界杯上的败北

巴西足球队第一次赢得世界杯冠军回国时，专机一进入国境，16 架喷气式战斗机立即为之护航，当飞机降落在道加勒机场时，聚集在机场上的欢迎者达三万人。从机场到首都广场不到 20 公里的道路上，自动聚集起来的人群超过了 100 万。多么宏大和激动人心的场面！不禁让人想起前一届的欢迎仪式。

1954 年，巴西人都认为巴西队能获得世界杯赛冠军。可是，天有不测风云，在半决赛中巴西队却意外地败给法国队，结果那个金灿灿的奖杯没有被带回巴西。球员们悲痛至极。他们想，去迎接球迷的辱骂、嘲笑和汽水瓶吧，足球可是巴西的国魂。

飞机进入巴西领空，他们坐立不安，因为他们的心里清楚，这次回国凶多吉少。可是当飞机降落在首都机场的时候，映入他们眼帘的却是另一种景象。巴西总统和两万名球迷默默地站在机场，他们看到总统和球迷共举一条大横幅，上书：失败了也要昂首挺胸。

队员们见此情景顿时泪流满面。总统和球迷们都没有讲话，他们默默地目送着球员们离开机场。四年后，他们终于捧回了世界杯奖杯。人不可能永远都是成功者，人也不可能永远都是失败者。放下失败带给你的打击，面对失败，你会从中吸取很多教训，为下一次成功打下基础；面对失败者，我们同样不要苛求，应该给予他们更多的信任与支持。

你是胡萝卜、鸡蛋还是咖啡豆

一个女孩整天抱怨她的生活，抱怨事事都那么艰难，她不知该如何应付生活，想要自暴自弃了。她已经厌倦抗争和奋斗，好像一个问题刚解决，新的问题就出现了。

她的父亲是位老厨师，他把她带进厨房。他先往三只锅里倒入一些水，然后放在旺火上烧。不久锅里的水烧开了，他往一只锅里放些胡萝卜，第二只锅里放入鸡蛋，最后一只锅里放入碾成粉状的咖啡豆。他将它们浸入开水中煮，一句话也没有说。

女儿撅着嘴，不耐烦地等待着，纳闷父亲在做什么。大约 15 分钟后，他把火关闭了，把胡萝卜捞出来放入一个碗内，把鸡蛋捞出来放入另一个碗内，然后又把咖啡舀到一个杯子里。做完这些后，他才转过身问女儿："我的女儿，你看见什么了？""胡萝卜、鸡蛋、咖啡。"她回答。

他让她靠近些并让她用手摸摸胡萝卜。她摸了摸，注意到它们变软了。

父亲又让女儿拿一只鸡蛋并打破它。将壳剥掉后，她看到的是只煮熟的鸡蛋。最后他让她品尝咖啡。品尝到香浓的咖啡，女儿笑了。她低声问道："父亲，这意味着什么？"

他解释说，这三样东西面临同样的逆境——煮沸的开水，但其反应各不相同。胡萝卜入锅之前是强壮的，结实的，毫不示弱，但进入开水后，它变软了，变弱了。鸡蛋原来是易碎的，它薄薄的外壳保护着它液体的内脏，但是经开水一煮，它的内脏变硬了。而粉状咖啡豆则很独特，进入沸水后，它倒改变了水。"哪个是你呢？"他问女儿，"当逆境找上门的时候，你该如何选择呢？你是胡萝卜，是鸡蛋，还是咖啡豆？"

咖啡豆努力改变了给它带来痛苦的开水，并在它达到高温时让它散发出最佳气味。水最烫时，它的味道更好了。如果你像咖啡豆，你会在情况最糟糕时，变得有出息了，并使周围的情况改变好了。问问自己是如何选择的。你是胡萝卜，是鸡蛋，还是咖啡豆？

非洲戈壁滩上的小花

一次，仅仅一次，却需要长时间坚韧不拔的进取和历尽艰辛的跋涉，它甚至需要耗尽一个人一世的光阴，毕生的精力！

在非洲的戈壁滩上，有一种叫依米的小花。花呈四瓣，每瓣自成一色：红、白、黄、蓝。它的独特并不止于此，在那里，根系庞大的植物才能很好地生长，而它的根，却只有一条，蜿蜒盘曲着插入地底深处。通常，它要花费五年的时间来完成根茎的穿插工作，然后，一点一点地积蓄养分，在第六年春，才在地面吐绿绽翠，开出一朵小小的四色鲜花。尤其让人们惋叹的是，这种极难长成的依米小花，花期并不长，仅仅两天工夫，它便随母株一起香消玉殒。

依米花的生长和蝉的生命历程有着惊人的相似。它们只是大自然万千家族中极为弱小的一员，可是它们却以其独特的生命方式向世人诏告：生命一次，美丽一次。

一次，便足矣！

一次的青春，一次的成功，一次的勇往直前，一次的轰轰烈烈，一次的无悔人生……

人生的路途远比依米花的一生漫长，可是，在这段漫漫求索的艰辛历程中，我们并非一定会比依米花做得更好。

悲壮的大马哈鱼

大马哈鱼的繁殖过程堪称悲壮！

大马哈鱼在产籽季节，不远万里，由深海游入内陆江河。这一路行来，它们会遭遇重重障碍，每遇石砾密布的浅湾，它们都要倾斜身子贴着石块划过，待到达目的地时，多半已是伤痕累累。纵然如此，它们依然不能停歇，雌鱼还要在满是沙砾的江底挖穴筑巢，以便产卵。最后，完成任务的大马哈鱼筋疲力尽、体无完肤，它们的尸体一层又一层地漂浮在江面上。

这就是大自然的法则，世上的一些事必须以近乎悲壮的方式完成，其中就包括大马哈鱼的繁殖过程。

人生就是一条不归路，充满了阻碍与坎坷，然而只要我们心中装着理想与使命，就能放下羁绊、穿越障碍，最终赢得新生。这一过程，悲壮一点又何妨？

当你以为不能忍受的事情出现时

有一位青年，刚刚升职一个多月，办公室的椅子还没坐热，就因为工作失误被裁了下来，雪上加霜的是，与他相恋了五年的女友也离他而去了。事业、爱情的双失意令他痛不欲生，万念俱灰的他爬上了以前和女友经常散步的山。

一切都是那么熟悉，又是那么陌生。曾经的山盟海誓依稀还在耳边，只是风景依旧，物是人非。他站在半山腰的一个悬崖边，往事如潮水般涌上心头，"活着还有什么意思呢？"他想，"不如就这样跳下去，反倒一了百了。"

他还想看看曾经看过的斜阳和远处即将靠岸的船只，可是抬眼看去，除了冰冷的峭壁，就是阴森的峡谷，往日一切美好的景色全然不见。忽然间又是狂风大作，乌云从远处逐渐蔓延过来，似乎一场大雨即将来临。他给生命留了一个机会，他在心里想："如果不下雨，就好好活着，如果下雨就了此余生。"

就在他闷闷地抽烟等待时，一位精神矍铄的老人走了过来，拍拍他的肩膀说："小伙子，半山腰有什么好看的？再上一级，说不定就有好景色。"老人的话让他再也抑制不住即将决堤的泪水，他毫无保留地诉说了自己的痛苦遭遇。这时，雨下了起来，他觉得这就是天意，于是不言不语，缓缓向悬崖走去。老人一把拉住了他，说："走，我们再上一级，到山顶上你再跳也不迟。"

奇怪的是，在山顶他看到了截然不同的景色。远方的船夫顶着风雨引吭高歌，扬帆归岸。尽管风浪使小船摇摆不定，行进缓慢，但船夫们却精神抖擞，一声比一声有力。雨停了，风息了，远处的夕阳火一样地燃烧着，晚霞鲜艳地如同一面战旗，一切显得那么生机勃勃。他自己也感到奇怪，仅仅一级之差，一眼之别，却是两个不同的世界。他的心情被眼前的图画渲染得明朗起来。老人说："看见了吗？

绝望时，你站在下面，山腰在下雨，能看到的只是头顶沉重的乌云和眼前冰冷的峭壁，而换了个高度和不同的位置后，山顶上却风清日丽，另一番充满希望的景象。一级之差就是两个世界，一念之差也是两个世界。孩子，记住，在人生的苦难面前，你笑世界不一定笑，但你哭脚下肯定是泪水。"

几年以后，他有了自己的文化传播公司。他的办公室里一直悬挂着一幅山水画，背景是一老一少坐在山顶手指远方，那里有晚霞夕阳和逆风归航的船只。题款为："再上一级，高看一眼"。

当人生的理想和追求不能实现时，当那些你以为不能忍受的事情出现时，请换一个角度思考人生，换个角度，便会产生另一种哲学，另一种处世观。

"救世主"就是你自己

生命的脆弱和不堪一击，常常是因为经不起意外的袭击而丧失活着的希望，而首先自己就打败了自己。

而对于另一种人，希望活着甚至可以创造神话。

1946 年冬季的一个深夜，美国亚特兰大城的怀恩柯夫酒店突然起火，当时 258 名旅客多数正在酣睡。人们醒来时所有的房间已被滚滚浓烟笼罩。尽管消防队员赶来了，求生的本能还是使许多人开窗从高楼跳下，一个个躯体直直地砸在户外的人行道上，发出恐怖而沉闷的响声，而后归于寂然。这时一个姑娘也站在了七楼的窗口，背后是熊熊的火光，她镇静地看了看窗下，大声高喊着："我希望活着，我希望活着！"然后长发飘飘地纵身跳下。奇迹发生了，她果然成了一名不可思议的幸存者。而且这个姑娘空中跃下的惊人一瞬被过路的大学生阿诺德·哈台抓拍了下来，定格在历史写真的胶片里，供更多的活着的人们回味。

"希望活着"就会有活着的希望。人活于世，如一叶扁舟颠簸于大海，当狂风恶浪扑向生命时，我们首先想到的应该是"自救"，是"希望活着"。我们当然不会拒绝他救，但要知道，延续生命的一些决定性因素他人往往是无能为力的。

活下去有时很难，有时却比人们想象得要容易，其奥秘不只取决于身体器官的完好无损，也不只取决于生存环境的安全无患。生命可以坚如磐石，也可以弱不禁风，而神奇的"救世主"其实就是你自己。

因为不能流泪，所以我选择微笑

1985 年，美国女孩辛蒂还在医科大学念书，有一次，她到山上散步，带回一些蚜虫。她拿起杀虫剂想为蚜虫去除化学污染，却感觉到一阵痉挛，原以为那只是暂时性的症状，谁料她的后半生从此陷入了不幸。

杀虫剂内所含的某种化学物质使辛蒂的免疫系统遭到破坏，使她对香水、洗发水以及日常生活中接触的一切化学物质一律过敏，连空气也可能使她的支气管发炎。这种"多重化学物质过敏症"，到目前为止仍无药可医。

起初几年，她一直流口水，尿液变成绿色，有毒的汗水刺激背部形成了一块块疤痕，她甚至不能睡在经过防火处理的床垫上，否则就会引发心悸和四肢抽搐。后来，她的丈夫用钢和玻璃为她盖了一所无毒房间，一个足以逃避所有威胁的"世外桃源"。辛蒂所有吃的、喝的都得经过选择与处理，她平时只能喝蒸馏水，食物中不能含有任何化学成分。

很多年过去了，辛蒂没有见到过一棵花草，听不见一声悠扬的歌声，感觉不到阳光、流水和风。她躲在没有任何饰物的小屋里，饱尝孤独之余，甚至不能哭泣，因为她的眼泪跟汗液一样也是有毒的物质。

然而，坚强的辛蒂并没有在痛苦中自暴自弃，她一直在为自己，同时更为所有化学污染物的牺牲者争取权益。1986年，她创立了"环境接触研究网"，以便为那些致力于此类病症研究的人士提供一个窗口。1994年辛蒂又与另一组织合作，创建了"化学物质伤害资讯网"，保证人们免受威胁。

目前这一资讯网已有来自32个国家的五千多名会员，不仅发行了刊物，还得到美国、欧盟及联合国的大力支持。

她说："在这寂静的世界里，我感到很充实。因为我不能流泪，所以我选择了微笑。"当我们选择了微笑地面对生活的时候，我们也就走出了人生的冬季。

人这一生，不能因为命运怪诞而俯首听命，任凭它的摆布。曲折的人生旅途上，如果我们也能够承受所有的挫折和颠簸，能够化解与消除所有的困难与不幸，我们就能够活得更加长久，我们的人生之旅就会更加顺畅、更加开阔。

樵夫的千里眼

从前，有个樵夫和妻子住在小村之外。每天早上，樵夫会出门到森林里砍树，而当傍晚他结束一天的工作返家时，妻子总会煮好一桌热腾腾的可口饭菜等待着他。

一天，樵夫提早收工回家，却意外地由窗外看到妻子和村里的当铺老板在家偷情。他开门的时候，也清楚地听到当铺老板慌忙找地方躲起来的声响。

但樵夫一向是个冷静而幽默的人，他不动声色地走向前拥抱妻子，并且告诉她："森林之神赐了我一对千里眼，我只需要注视一块木头正中央的一个小孔，就能够看见常人看不见的东西。"他又告诉妻子，他发现房间的柜子里藏了一件值钱的东西（自然指的是那当铺老板）。为了证实他的新能力，他于是将柜子上锁，将它扛到当铺的柜台上，向店里的伙计出价 50 个金币，出售柜子和柜里的东西。

接着，樵夫走到外头悠闲地踱步、抽水烟，让伙计慢慢考虑这笔生意。这时，他听到柜子内闷窒得发慌的当铺老板在柜里高声喊叫，要求伙计快些付赎金，好放他出来。

在这则古老的日本寓言里，樵夫用了个巧妙的计谋，使人们印象中小气吝啬的当铺老板为自己的行为"付出代价"。樵夫扭转局势的冷静与机智幽默，不仅使他轻松地赢了 50 个金币，无愧良心地报了一箭之仇（如果他在盛怒中杀了当铺老板，恐怕会得不偿失），同时证明了他的高人一筹，无须担心此事的有失面子，此外，樵夫也因此可以更容易地面对或处理自己的痛苦。

樵夫的高明处，就在于在情绪高涨的非常时刻，依然能够选择保持幽默、以智取胜，将自己抽离出愤怒的情绪，以一个既实际又能发泄怨气的方法来处理事情。

其实每个人在生活中都难免会遇到这种紧要关头或突如其来的变故，只要我们能冷静面对，灵活处理，必定能找出好的解决办法。

当你遇上大麻烦，要庆幸事情没有变得更糟。生命中有些时候，事情远不像表面上看起来那样的糟糕。面对不幸首先要分析情势并坦然接受现状，当你了解到事情也许不如想象的那样严重时，你就跨出了解决问题的第一步。

所谓信念：

天再高又怎样，
踮起脚尖就更接近阳光

春暖花会开！如果你曾经历过冬天，那么你就会遇上春色！如果你有着信念，那么春天一定不会遥远；如果你正在付出，那么总有一天你会拥有满园花开。

只值一美元的旧衣服

13岁的那年，父亲有一天突然递给他一件旧衣服。"这件衣服能值多少钱？"

"大概一美元。"他回答。

"你能将它卖到两美元吗？"父亲用探询的目光看着他。"智力障碍者才会买！"他赌着气说。

父亲的目光真诚中透着渴求："你为什么不试一试呢？你知道的，家里日子并不好过，要是你卖掉了，也算帮了我和你的妈妈。"

他这才点了点头："我可以试一试，但是不一定能卖掉。"

他很小心地把衣服洗净，没有熨斗，他就用刷子把衣服刷平，铺在一块平板上阴干。第二天，他带着这件衣服来到一个人流密集的地铁站，经过六个多小时的叫卖，他终于卖出了这件衣服。他紧紧攥着两美元，一路奔回了家。以后，每天他都热衷于从垃圾堆里淘出旧衣服，打理好后，去闹市里卖。

如此过了十多天，父亲突然又递给他一件旧衣服："你想想，这件衣服怎样才能卖到20美元？"

"怎么可能？这么一件旧衣服怎么能卖到20美元，它至多值两美元。"

"你为什么不试一试呢？"父亲启发他，"好好想想，总会有办法的。"

终于，他想到了一个好办法。他请自己学画画的表哥在衣服上画了一只可爱的唐老鸭与一只顽皮的米老鼠。他选择在一个贵族子弟学校的门口叫卖。不一会儿，一个管家为他的小少爷买下了这件衣服，那个十来岁的孩子十分喜爱衣服上的图案，一高兴，又给了他五美元的小费。25 美元，这无疑是一笔巨款！相当于他父亲一个月的工资。

回到家后，父亲又递给他一件旧衣服："你能把它卖到 200 美元吗？"父亲目光深邃。

这一回，他没有犹疑，他沉静地接过了衣服，开始了思索。

两个月后，机会终于来了。当红电影《霹雳娇娃》的女主角拉佛西来到纽约做宣传。记者招待会结束后，他猛地推开身边的保安，扑到了拉佛西身边，举着旧衣服请她签名。拉佛西先是一愣，但是马上就笑了，没有人会拒绝一个纯真的孩子。拉佛西流畅地签完名。他笑着说："拉佛西女士，我能把这件衣服卖掉吗？""当然，这是你的衣服，怎么处理完全是你的自由！"

他"哈"的一声欢呼起来："拉佛西小姐亲笔签名的运动衫，售价 200 美元！"经过现场竞价，一名石油商人以 1200 美元的高价买了这件运动衫。

回到家里，他和父亲，还有一家人陷入了狂欢。父亲感动得泪水横流，不断地亲吻着他的额头："我原本打算，你要是卖不掉，我就叫人买下这件衣服。没想到你真的做到了！你真棒我的孩子，你真的很棒……"

一轮明月升上山头，透过窗户柔柔地洒了一地月光。这个晚上，父亲与他抵足而眠。

父亲问："孩子，从卖这三件衣服中，你有明白什么吗？"

"我明白了，您是在启发我，"他感动地说，"只要开动脑筋，办法总是会有的。"

父亲点了点头，又摇了摇头："你说得不错，但这不是我的初衷。我只是想告诉你，一件只值一美元的旧衣服，都有办法高贵起来。何况我们这些活着的人呢？我们有什么理由对生活丧失信心呢？我们只不过穷一点，可这又有什么关系？"

是的，连一件旧衣服都有办法高贵，我们还有什么理由妄自菲薄呢！

生活并不完美，与其让生活带来更多的沮丧与抱怨，不如坚持着一份信念，相信通过努力可以让生活变得更好！

随着梦想起飞

几年以前的一个炎热的日子，一群人正在铁路的路基上工作。这时，一列缓缓开来的火车打断了他们的工作。

火车停了下来，最后一节车厢的窗户（顺便说一句，这节车厢是特制的并且带有空调）被人打开了。一个低沉的、友好的声音响了起来："大卫，是你吗？"

大卫·安德森——这群人的负责人回答说："是我，吉姆，见到你真高兴。"

于是，大卫·安德森和吉姆·墨菲——铁路的总裁，进行了愉快的交谈。在长达一个多小时的愉快交谈之后，两人热情地握手道别。

大卫·安德森的下属立刻包围了他。他们对于他是墨菲铁路总裁的朋友这一点感到非常震惊。

大卫解释说，二十多年以前他和吉姆·墨菲是在同一天开始为这条铁路工作的。

其中一个人半认真半开玩笑地问大卫，为什么他现在仍在骄阳下工作，而吉姆·墨菲却成了总裁。

大卫非常惆怅地说："23 年前我为一小时 1.75 美元的薪水而工作，而吉姆·墨菲却是为这条铁路而工作。"

美国潜能成功学大师安东尼·罗宾说："如果你是个业务员，赚一万美元容易，还是十万美元容易？告诉你，是十万美元！为什么呢？如果你的目标是赚一万美元，那么你的打算不过是能糊口便成了。如果这就是你的目标与你工作的原因，请问你工作时会兴奋有劲吗？你会热情洋溢吗？"

成就可以更大，但你必须敢于梦想。

当然，实现梦想的过程必定艰辛万分，因此你必须保持一种愉快的态度，用轻松的心情面对挑战，这样，你才能在实现梦想的过程中适应压力。

放飞心灵，才能在踏实中筑梦，才能顺利走向成功。

把自己的梦交给自己

多年前，英国一座偏远的小镇上住着一位远近闻名的富商，富商有个19岁的儿子叫希尔。

一天晚餐后，希尔欣赏着深秋美妙的月色。突然，他看见窗外的街灯下站着一个和他年龄相仿的青年，那青年身着一件破旧的外套，清瘦的身材显得很羸弱。

他走下楼去，问那青年为何长时间地站在这里。

青年满怀忧郁地对希尔说："我有一个梦想，就是自己能拥有一座宁静的公寓，晚饭后能站在窗前欣赏美妙的月色。可是这些对我来说简直太遥远了。"

希尔说："那么请你告诉我，离你最近的梦想是什么？"

"我现在的梦想，就是能够躺在一张宽敞的床上舒服地睡上一觉。"

希尔拍了拍他的肩膀说："朋友，今天晚上我可以让你梦想成真。"

于是，希尔领着他走进了富丽堂皇的别墅。然后将他带到自己的房间，指着那张豪华的软床说："这是我的卧室，睡在这儿，保证像天堂一样舒适。"

第二天清晨，希尔早早就起床了。他轻轻推开自己卧室的门，却发现床上的一切都整整齐齐，分明没有人睡过。希尔疑惑地走到花园里。他发现，那个青年人正躺在花园的一条长椅上甜甜地睡着。

希尔叫醒了他，不解地问："你为什么睡在这里？"

青年笑笑说："你给我这些已经足够了，谢谢……"说完，青年头也不回地走了。

20 年后的一天，希尔突然收到一封精美的请柬，一位自称"20 年前的朋友"的男士邀请他参加一个湖边度假村的落成庆典。

在这里，他不仅领略了眼前典雅的建筑，也见到了众多社会名流。接着，他看到了即兴发言的庄园主。

"今天，我首先感谢的就是在我成功的路上，第一个帮助我的人。他就是我 20 年前的朋友——希尔……"说着，他在众多人的掌声中，径直走到希尔面前，并紧紧地拥抱他。

此时，希尔才恍然大悟。眼前这位名声显赫的大亨欧文，原来就是 20 年前那位贫困的青年。

酒会上，那位名叫欧文的"青年"对希尔说："当你把我带进寝室的时候，我真不敢相信梦想就在眼前。那一瞬间，我突然明白，那张床不属于我，这样得来的梦想是短暂的。我应该远离它，我要把自己的梦想交给自己，去寻找真正属于我的那张床！现在我终于找到了。由此可见，人格与尊严是自己干出来的，空想只会通向平庸，而绝不是成功。"

理想不是想象，成功最害怕空想。要想成就人生，就必须行动起来。躺在地上等机遇永远不会成功，因为机遇早已从头顶飘过。那些成功者都是不折不扣的实干家。综观他们的生平处世，不仅积累了具体事情亲历亲为的办法，更体验到了天下大事需积极应对的意义。

打开梦想的盒子

查尔斯·蒂梵尼是一个磨坊主的儿子，经过几年艰苦的奋斗，他终于开起了一家自己的珠宝行。一天他在报上看到一则消息，美国铺设在大西洋底的一根越洋电缆，因为年代久远而破损，需要更换。这样一条在大多数人看来普通的新闻，在查尔斯·蒂梵尼的脑子里，仿佛划过一道亮光。他在想，这是一个非常有商业价值的信息。于是他立即与有关部门联系，用尽积蓄买下这根报废的电缆。别人都笑他傻，花那么多钱却买了一件废品，而他却丝毫没有动摇自己的信念，在别人不解的目光中努力实现着自己的梦想。他首先把电缆洗干净、弄直，随即裁剪成一小段一小段的，然后将这些金属块精心地加以修饰，作为纪念品出售。由于电缆来自深深的大西洋底，人们认为有很高的收藏价值，于是争相购买，他轻而易举地发了一笔财。

查尔斯并没有因此而停步，他用卖电缆纪念品赚的这笔钱买下欧仁皇后的一枚钻石。这枚钻石是稀世奇珍，光彩夺目。钻石到手后，他并没有像人们想象的那样珍藏起来，或者高价转手，而是筹备了一个首饰展示会。那些梦想一睹皇后钻石风采的人从各地蜂拥而来，使得展示会门庭若市，热闹非凡。此次盛会，仅门票收入就十分可观。

传说人们降生的时候，上帝给每个人都带上了一个美丽的盒子，里面装着斑斓的梦想。可是一生之中，有许多人只能看着那些美好的梦想，却无法打开盒子。平凡的事物在庸人眼中，只是更为普通的东西，而一颗拼搏、坚韧的心，却能从平凡中感受到梦想的曙光。

其实你一直很漂亮

一个小女孩儿，从小家里并不是很富裕，所以一直因为自卑封闭着自己的心，觉得自己事事不如别人，她不敢跟别人说话，不敢正视对方的眼睛，生怕被别人嘲笑自己的丑陋。直到有一天圣诞节快到了，妈妈给了她三美元，允许她到街上去买一样自己喜欢的东西。于是她走出了家门，来到了街市上。看着街市上那些穿着入时的姑娘，她心里真的很羡慕。忽然她看到了一个英俊潇洒的小伙子，不由得心动了，可是转念一想，自己是如此的平凡，他怎能看上自己呢？于是她一路沿着街边走，生怕别人会看到她。

这时候，她不由自主地走到了一个卖头花的商店里，老板很热情地招待了她，并拿出各种各样的头花供她挑选。这时候，这位长者拿出了一朵金边蓝底的头花戴在了女孩儿的头上，并把镜子递给她说：

"看看吧，戴上它你现在美极了，你应该是天底下最配得上这朵花的人。"小女孩儿站在镜子前，看着镜子前那美丽的自己，真的有说不出的高兴，她把手里的三美元塞进了老板的手里，高高兴兴地走出商店。

女孩儿这个时候心里非常高兴，她想向所有人展示自己头上那朵美丽的头花，果然，这时候很多人的目光都集中在了她的身上，还纷纷议论："哪里来的女孩儿这么漂亮？"刚刚让她心动的男孩儿，也走上前对她说："能和你做个朋友吗？"这时候的女孩儿异常兴奋，她轻轻捋顺了一下自己的头发，却发现那朵头花并不在自己的头上，原来她在奔跑中把它搞丢了。

生活当中有很多事都是这样的，我们盲目地封闭自己，认为自己一无是处，认为自己很多事情都拿不出手，但是如果有一天你真的打开了封闭已久的那扇心门，遵从自己的心，听取自己心灵的声音，你就会发现原来自己还有那么多连自己都没有意识到的优秀特质。它一直都在我们身上，只不过我们因为封闭自己太久而没有将它很好地利用，而现在我们终于可以靠着这些优点快快乐乐地去生活了。

一生的志愿

美国西部的一个小乡村，一位家境清贫的少年在 15 岁那年，写下了他气势不凡的《一生的志愿》："要到尼罗河、亚马孙河和刚果河探险；要登上珠穆朗玛峰、乞力马扎罗山和麦金利峰；驾驭人象、骆驼、鸵鸟和野马；探访马可·波罗和亚历山大一世走过的道路；主演一部《人猿泰山》那样的电影；驾驶飞行器起飞降落；读完莎士比亚、柏拉图和亚里士多德的著作；谱一部乐曲；写一本书；拥有一项发明专利；给非常的孩子筹集 100 万美元捐款……"

他洋洋洒洒地一口气写下了 127 项人生的宏伟志愿。不要说实现它们，就是看一看，就足够让人望而生畏了。

少年的心却被他那庞大的《一生的志愿》鼓荡得风帆劲起，他的全部心思都已被那《一生的志愿》紧紧地牵引着，并让他从此开始了将梦想转为现实的漫漫征程，一路风霜雪雨，硬是把一个个近乎空想的夙愿，变成了一个个活生生的现实，他也因此一次次地品味到了搏击与成功的喜悦。44 年后，他终于实现了《一生的志愿》中的 106 个愿望……

他就是 19 世纪著名的探险家约翰·戈达德。

当有人惊讶地追问他是凭借着怎样的力量，让他把那许多注定的"不可能"都踩在了脚下的。他微笑着如此回答："很简单，我只是让心灵先到达那个地方，随后，周身就有了一股神奇的力量，接下来，就只需沿着心灵的召唤前进了。"

每个人都对自己的未来有美好的憧憬，每个人都渴望拥有成功，但现实总是那样残酷，并不是所有人都能品尝到胜利的琼浆。约翰·戈达德的成功至少告诉我们，拥有成功的坚定信念，听从心灵的召唤，并为之付出一系列努力，我们同样可以变不可能为可能。

海上和床上

一个人在浓雾笼罩的海边遇见一个刚从海上归来的水手。他们交谈了起来。

那个人问水手："你很喜欢大海吗？那儿弥漫着大雾，冷清清的。"

"当然。"水手回答说，"海并不是经常有雾的。平时，海是明朗、广阔的。但不论什么样的天气，我都爱海。我的家人同我一样，也都爱海。"

"你父亲现在在哪里？""他死在海里。"

"你的祖父呢？"

"他死在大西洋里。""你的哥哥……"

"他在一场风暴中失踪了，那时他在印度洋捕鱼。"

"既然如此，"那个人说，"如果我是你，我决不会到海里去。""你愿意告诉我你的父亲死在哪里吗？"水手问那个人。

"啊，他在床上断的气。""你的祖父呢？"

"也是死在床上。"

"这样说来，"水手说，"如果我是你，我就永远也不到床上去。"热爱生活的人勇于挑战困难，直面危险，感受其中的乐趣；怯懦的人不敢迈出巢穴一步，生怕一点闪失就会给自己带来不幸，他却不知道，这正是他最大的不幸。

能不能飞

野鸡同家鸡一起出去玩，被一条小河拦住了去路。野鸡轻展双翅飞了过去，家鸡却不敢。

野鸡在对岸不断鼓励，家鸡还是鼓不起勇气，它泄气地说："我从没飞过这么远，肯定不行。你自己去玩吧。"

野鸡突然紧张地大声说道："不好！你身后有狼，快飞过来！快！"家鸡大吃一惊，吓得腾空而起，翅膀扑棱了几下便飞过了河，落在野鸡身旁。再回头一看，什么也没有。

我们要去习惯那些令我们产生恐惧的东西，不管它是实物还是某些困难，要敢于去触碰它，挑战它。当我们习惯直面恐惧以后，我们就会发现"凡此种种，不过如此"。

不是不能，而是不敢

有个中学生，在一次数学课上打瞌睡，下课铃声把他惊醒，他抬头看见黑板上留着两道题，就以为是当天的作业。回家以后，他花了整夜时间去演算，可是没结果，但他锲而不舍，终于算出一题。那天，他把答案带到课堂上，连老师都惊呆了，因为那题本来已被公认无解。假如这个学生知道的话，恐怕他也不会去演算了，不过正因为他不知道此题无解，反而创造出了"奇迹"。

还有一个人，从小患有小儿麻痹症，后来他瘫痪了，二十多年来，他一直无法走路。一个冬天的夜晚，他所居住的那排房子突然失火了。火借风力，越烧越烈，熊熊大火将房子包围了。大火威胁着每个人的生命，房子里面的人摸索着从烈火和烟雾中跑了出来，喊叫声、哭泣声、嘈杂声充斥着火灾现场的每一个角落，忙于逃命的人们根本无暇顾及他。

火燃烧着，人们忙着逃命，他也不例外。他忘记了自己瘫痪的身躯，从大火中挣扎着跑了出来。有人发现他跑出来时说道："哎呀，你是瘫痪的！"听了这句话，他颓然倒下了，从此瘫痪的更加严重，他彻底地放弃了治疗，不久就过世了。

这都是真实发生过的故事。可以看出，不是环境也不是遭遇能够决定人的一生，而是看人的心处于何种状态，这就决定着一个人的现在也决定着他的未来。

审视曾经的失败你会发现：原来在还没有扬帆起航之前，许多的"不可能"就已经存在于我们的假想之中。现在你明白了，很多失败不是因为"不能"，而是源于"不敢"。不敢，就会带来想象中的障碍。

桥不难走

几个学生向一位著名的心理学家请教：心态对一个人会产生什么样的影响？他微微一笑，什么也不说，就把他们带到一间黑暗的房子里。在他的引导下，学生们很快就穿过了这间伸手不见五指的神秘房间。接着，心理学家打开房间里的一盏灯，在这昏黄如烛的灯光下，学生们才看清楚房间的布置，不禁吓出了一身冷汗。原来，这间房子的地面就是一个很深很大的池子，池子里蠕动着各种毒蛇，包括一条大蟒蛇和三条眼镜蛇，有好几条毒蛇正高高地昂着头，朝他们"滋滋"地吐着信子。就在这蛇池的上方，搭着一座很窄的木桥，他们刚才就是从这座木桥上走过来的。

心理学家看着他们，问："现在，你们还愿意再次走过这座桥吗？"大家你看看我，我看看你，都不作声。过了片刻，终于有三个学生犹犹豫豫地站了出来。其中一个学生一上去，就异常小心地挪动着双脚，速度比第一次慢了好多倍；另一个学生战战兢兢地踩在小木桥上，身子不由自主地颤抖着，才走到一半，就挺不住了；第三个学生干脆弯下身来，慢慢地趴在小桥上爬了过去。

"啪"，心理学家又打开了房内另外几盏灯，强烈的灯光一下子把整个房间照耀得如同白昼。学生们揉揉眼睛再仔细看，才发现在小木桥的下方装着一道安全网，只是因为网线的颜色极暗淡，他们刚才都没有看出来。心理学家大声地问："你们当中还有谁愿意现在就通过这座小桥？"学生们没有作声。"你们为什么不愿意呢？"心理学家问道。"这张安全网的质量可靠吗？"学生心有余悸地反问。

心理学家笑了："我可以解答你们的疑问了，这座桥本来不难走，可是桥下的毒蛇对你们造成了心理威慑，于是，你们就失去了平静的心态，乱了方寸，慌了手脚，表现出各种程度的胆怯——心态对行为当然是有影响的啊。"

当我们面对各种挑战的时候，失败的原因往往不是因为势单力薄，不是因为智力低下，也不是没有把整个局势分析透彻，而是因为把困难看得太清楚了，分析得实在太透彻，考虑得实在太详尽，最终我们是被困难吓倒了，感觉自己举步维艰。

翻越阿尔卑斯山

拿破仑问那些被派去探测死亡之路的工程技术人员："从这条路走过去可能吗？""也许吧。"回答是不够肯定的，"它在可能的边缘上。""那么，前进！"拿破仑不理会工程人员讲的困难，下了决心。

出发前，所有的士兵和装备都经过严格细心的检查。开口的鞋、有洞的袜子、破旧的衣服、坏了的武器，都马上修补和更换。一切准备就绪，然后部队才前进。统帅胜券在握的精神鼓舞着战士们。

战士们出现在阿尔卑斯山高高的陡壁上，在高山的云雾中若隐若现。每当军队遇到意料不到的困难的时候，雄壮的冲锋号就会响彻云霄。尽管在这危险的攀登中到处充满了障碍，但是他们一点不乱，也没有一个人掉队！四天之后，这支部队就突然出现在意大利平原上了。

做事，做每件事都只有两种结果：成功或是失败。你相信哪个，哪个便会成为事实。

活着，梦想总有实现的时候

18 岁那年，英格丽·褒曼的梦想是在戏剧界成名。但是，她的监护人奥图叔叔却要她当一名售货员或者什么人的秘书。为此两人争执不下，奥图叔叔答应给她一次参加皇家戏剧学校考试的机会，如果考不上的话就必须服从他的安排。

为了能考上皇家戏剧学校，英格丽·褒曼还颇费了一番心思。一方面，她为自己精心准备了一个小品，表演一个快乐的农家少女，逗弄一个农村小伙子。她比他还胆大，她跳过小溪向他走去，手叉着腰，朝着他哈哈大笑。她反复认真地排练这个小品。另一方面，在考试的前几天，她给皇家戏剧学校寄去一个棕色的信封，如果失败了，棕色的信封就退回来，如果通过了，就给她寄来一个白色信封，告诉她下次考试的日期。

考试的时候，英格丽·褒曼跑两步在空中一跳就到了舞台的正中，欢乐地大笑，接着说出第一句台词。这时，她很快地瞥了评判员一眼，惊奇地发现评判员们正在聊天，相互大声谈论着，并且比画着。

见此情景，英格丽·褒曼非常失望，连台词也忘掉了。她还听到了评判团主席对她说："停止吧！谢谢你……小姐，下一个，下一个请开始。"

英格丽·褒曼听到这话后彻底失望了，她好像什么人也看不见、

什么也听不见，在舞台上待了30秒就匆匆下台。她感到自己唯一能做的一件事就是去投河自杀。

她站在河边，准备结束自己的生命，当她的目光投到河面上时，发现水是暗黑色的，发着油光，肮脏得很。此时她猛然想到的是，等她死了以后，别人把她拖上岸后身上会沾满脏东西，自己还得咽下那些脏水。她又犹豫了："唔！这样不行。"于是她就放弃了自杀的念头，回家去了。

第二天，有人给她送去了白信封。白信封？她有了白信封。她真的拿到了被录取的白信封。多年后，已成为明星的英格丽·褒曼碰见了那位评判员。闲聊之际，便问道："请告诉我，为什么在初试时你们对我那么不好？就因为你们那么不喜欢我，我曾经想去自杀。"

"不喜欢你？"那位评判员瞪大眼睛望着她，"亲爱的姑娘，你真是疯了！就在你从舞台侧翼跳出来，来到舞台上的那一瞬间，而且站在那儿向着我们笑，我们就转身彼此互相说着：'好了，她被选中了，看看她是多么自信！看看她的台风！我们不需要再浪费一秒钟了，还有十几个人要测试呐！叫下一个吧！'"

许多人一旦遇到困难或挫折，首先放弃的往往总是梦想。

其实，一个人的梦想是与自己共存亡的东西，千万不可放弃。哪怕是置身于生死边缘的汪洋之中，只要还能抓住一块浮木，就在它上面写上"梦想"二字，只要还有生的希望，就应该让梦想和你生死与共。活着的话，梦想总有实现的时候。

中州蜗牛

战国时齐国人陈仲子写过一则寓言：中州有一只蜗牛，觉得自己一事无成，很自责，就决心大干一场。它打算东去泰山，南下江汉，可是再一计算，去泰山要走三千多年，去江汉也需三千多年。算算自己的寿命，简直太短暂了。于是它哀叹自己的抱负难以施展而不胜悲愤，最后枯死在蓬蒿上，受到蝼蚁的讥笑。人有大志，固然值得肯定，但空想不是志向，只是白日做梦而已。生活中那些崇尚空想、脱离实际、好高骛远、志大才疏的人和寓言中的蜗牛一样可怜可叹。

澳大利亚的安德鲁·马修斯曾说："人生就是如此。被小石子打中，如果不能及时醒悟，一味置之不理，就会被砖头打中。如果仍然执迷不悟，就会被大石头狠狠击中。"只要老老实实扪心自问，我们都可以找到出现警报的地方。人应该有理想，有追求，但这是建立在自己力所能及的前提下的，努力和坚韧从来都是人的优良品质，但是迷信努力和坚韧，不从实际出发，即使理想再高，努力再大，也难免一事无成。

明确的目标

父亲带着三个儿子到草原上猎杀野兔。在到达目的地，一切准备得当，开始行动之前，父亲向三个儿子提出了一个问题："你们看到了什么呢？"

老大回答道："我看到了我们手里的猎枪、在草原上奔跑的野兔，还有一望无际的草原。"

父亲摇摇头说："不对。"

老二的回答是："我看到了爸爸、大哥、弟弟、猎枪、野兔，还有茫茫无际的草原。"

父亲又摇摇头说："不对。"

而老三的回答只有一句话："我只看到了野兔。"这时父亲才说："你答对了。"

有了明确的目标，才会为行动指出正确的方向，才会在实现目标的道路上少走弯路。事实上，漫无目标，或目标过多，都会阻碍我们前进，要实现自己的心中所想，如果不切实际，最终可能是一事无成。

用"木腿"行走，用信念生活

"你怎么了？"我清晰地记得，20 年前我的队友兀自坐在更衣室的衣橱前时，我这样问他。那是高中毕业那一年，我们刚刚淘汰了一个对手，他却孤零零地坐在那里，双手抱着头。

他就是马克·欧尔斯崔，一个非凡的运动健将，一个 17 岁的铮铮硬汉。他抬起头要说话的时候，我发现他眼里噙满了泪水。在球场上，他向来都是让对手哭泣的，我从没见过他这样伤悲。他静静地说："我全身疼痛，好像运动时受过的所有伤都发作了，两只脚像是有千万斤重。"

一个多星期前，一场流感席卷了我们这个地区。为预防疾病进一步扩散，学生们排成长队去注射疫苗。

马克在注射疫苗之后，身体产生了极其罕见的过敏反应——真的极为罕见，以至于，直到十年之后，他的病情才得到确诊。

次日早上，马克一觉醒来时，发现他的右脚还在"睡眠"。无论他如何揉搓，以舒缓那麻木的感觉，右脚上的血脉却再没有畅通过。马克的妈妈心急如焚，决定带他去看医生。

在为马克进行检查后，医生深感疑惑，忧虑地慨叹道："马克，我不清楚你到底是怎么了，可看样子，你这只脚保不住了。"

马克的一生从此永远地改变了。住院期间，马克的左脚失去了知觉，和右脚一样，再也没有苏醒过来。现在，除了双脚麻木，马克的病情不断恶化。各种各样的治疗都失败后，医生给他带来了一个可怕的消息："马克，虽然还不能确诊是什么疾病，但它马上就要吞噬你的生命，病毒正在向你的心脏扩散。我们有一个方案，希望阻止病魔的脚步，那就是从膝盖以下截肢。如果这再不奏效，那你只有两个星期的时间了。"

两个星期！一个从没生过病的年轻人，只剩下最后的两个星期。手术结束了。当马克醒来，他发现医生就在他床边。"我有一个好消息，也有一个坏消息。"医生说，"好消息是，不管是什么病，现在已经消除了，你还能继续活下去。坏消息是，或许你一生都要坐在轮椅上，并且要不断到医院来治疗。"

正是在这个时候，马克做出了一个决定。

"不！"他回答说，"我决不会一辈子坐在轮椅上。我要行走。现在只是我生活的开始，绝不是结束！"

花了整整一年的时间，马克才学会了用木"腿"走路。大学期间，马克遇到了莎伦并爱上了她。毕业后，他们结婚了，马克也开始了他的第一份工作：教残障儿童踢足球，并在一所高中当足球队的教练。

后来，他们有了四个漂亮的孩子和一个温馨的家。每天早上，马克早早起床，装上他的木"腿"，走到学校大门口去迎接每一位学生和老师。

现在，马克已经是密苏里西南部一所高中的校长，也是我的上司。一个正确的选择，往往能改变人的一生。

20 年前，他可以选择终身坐在轮椅上，不断为自己高中时代的不幸而自怨自艾。可他没有，他选择了用木"腿"去行走，用信念去生活。

经由冷水的冲刷，我的梦想将会更明朗

他出生在一个贫寒的家庭。父亲过早地撒手人寰，只留下嗷嗷待哺的他与母亲相依为命。那个可怜的母亲是个只会打零工的女人，她爱自己的孩子，也想给他其他孩子一样的生活，但她确实没有那个能力，她每个月只能拿到不足 30 美元的工钱。

有一次，黑人男孩的班主任让班上的同学们捐钱，男孩觉得自己与其他人没什么差别，他也想有所表现，于是拿着自己捡垃圾换来的三块钱，激动地等待老师叫他的名字。可是，直到最后，老师也没有点他的名字。他大为不解，便向老师去问个究竟，没想到，老师却厉声说道："我们这次募捐正是为了帮助像你这样的穷人，这位同学，如果你爸爸出得起五元钱的课外活动费，你就不用领救济金了……"男孩的眼泪瞬间流了下来，他第一次感到那么的屈辱与委屈，打那天以后，男孩再也没有踏进这所学校半步。

30 年弹指一挥间，这位名叫狄克·格里戈的黑人男孩如今已经成了美国著名的节目主持人。每每提及此事时，他总是会说："经由这盆冷水的冲刷，我的梦想将会更明朗，信念将会更加笃定。"

生命是自己的，前程是自己的，幸福也是自己的，并不是随便某个人的几句话、随便的一点什么挫折就可以毁掉，所以要珍爱自己的生命。

找到下一个说 YES 的人

一个叫辛迪的美国家庭主妇，某一天突发奇想，要依靠自己的力量，在三年内购买一栋六百多平方米的房子。对一个家庭主妇来说，这实在是一个不大可能实现的规划。

辛迪决定写一本畅销书，卖到 100 万本。她把这个点子告诉老公，却换来一顿嘲笑。

辛迪想：别人可以做到的事，我一定也做得到。她不断地告诉自己：我一定会成功，我的书在三年之内一定会卖到 100 万本，财富会大量涌来，所有的机遇之门都会为我打开。在这样的自我确认下，辛迪开始行动。

辛迪觉得自己这本书的市场在于女性。她发现女性的工作压力比较大，或者不被先生理解，她想给她们带来一些快乐，这样她们就会把书介绍给周围的朋友。辛迪觉得她的读者们通常会去超级市场、美容院等地方，所以专门打电话给超级市场的采购员以及美容院的老板。

她很直接地向别人推销自己的书，"我是某某作家，我最近出了一本书，一定会成为畅销书。我相信这本书摆在你的超级市场，摆在你的服装店，摆在你的美容院，应该会帮你赚不少的钱。"她说，"我将寄一本样书给你，一个礼拜之后，我会再打电话给你。"

辛迪的厉害之处在于，她从来不问别人："你到底有没有兴趣购买？"而是直接就问："你要订购多少本？"

一个礼拜之后，她打电话问："我是辛迪，你看过我的书没有？你准备订购 5000 本还是一万本？"

对方说："辛迪，你可能不了解，我们这个超级市场从来没有订过任何一本书超过 2500 本。"

辛迪说："过去等不等于未来？"对方说："不等于。"

"所以总有一个开始，你准备订购 5000 本还是一万本？"对方说："那……我订 4000 本好了。"

第一笔生意就这样成交了。

辛迪打电话问第二个人："我是辛迪，你收到我的书没有？你即将订一万本还是两万本？"

对方说："你的书很幽默，我和同事都很欣赏。但我们订书从来没有订过这么大的量，我订购 4000 本好了。"

辛迪说："你简直在侮辱我，你才订购 4000 本？像你这么大的连锁店你订 4000 本？你不止侮辱我，还在侮辱你自己，难道连你都不相信你的连锁店卖得出去吗？"

对方吓了一跳，问："一般人订购多少本？"辛迪说："一万本到两万本。"

对方被她说服了："那我订 1.2 万本！"之后，辛迪又卖书给军队。

对方告诉辛迪："我们这里的人是不会有兴趣的，我们这里都是男人，你不可能在我们这个地方销售任何书。"辛迪问："请问你上司是谁？"

"不，我上司也不可能买！"辛迪不要听"No"，她要听的是"Yes"，她说："把这本书交给你上司，我下个礼拜打电话找你上司，我不找你了。"

结果一个礼拜之后，对方打电话来说："辛迪，我的上司说，我们决定订购 4000 本。"因为他的上司是女的，她想："天天被男士兵这样整，我现在弄一本书来整你们。"

不管多少人对你说"No"，都不重要，重要的是找到下一个说"Yes"的人。这是辛迪得到的一个经验。

她的书从来没在任何一家书店卖过，完全是自己一个人在卖。依靠不屈不挠的信念和巧妙的推销手段，辛迪的书卖出了整整 140 万本！之后她又写了好几本书，都很畅销。到这个时候，辛迪要实现的愿望，已经不是买一栋大房子那么简单了。

最伟大的成就在最初的时候只是一个梦想，梦想是我们未来的辉煌。也许，你现在的环境并不很好，但你只要有梦想并为之而奋斗，那么，你的环境就会改变，梦想就会实现。

左眼眨出的书

法国记者博迪因心脏病发作，导致四肢瘫痪，并且丧失了说话的能力。他全身唯一能动的就是左眼。

但是在病倒前他已经构思好的一部作品还没有写出来，但现在他还是决心把它完成并出版。出版商派了一个叫门笛宝的笔录员来做他的助手，每天工作六小时，笔录下他的著作。

博迪只能够眨眼，所以他只能用眨动左眼来和门迪宝沟通。他们采取的方法是：门迪宝按顺序读出法语的常用字母，博迪通过眨眼来选择。由于博迪是靠记忆来判断词语的，所以经常出现差错。刚开始，他们遇到很多障碍和问题，进程非常缓慢，一天最多只能录一页，后来才慢慢增加到三页。经过几个月的艰苦努力，他们终于完成了这部著作。

这本书的名字叫《潜水衣与蝴蝶》，共有 150 页。有人粗略估计了一下，为了写这本书，博迪共眨了左眼二十多万次。

一个人只要有了坚定的决心和坚韧的毅力，就没有什么办不到的事情。别人眼中的奇迹，对他们来说，只是努力的结果罢了。只有在任何情况下都不放弃，我们才能取得成功。

纯白金盏花

一家报纸刊登了一则园艺所重金征求纯白金盏花的启事，在当地一时引起轰动。高额奖金让许多人跃跃欲试，但在自然界中，金盏花除了金色就是棕色，培植出纯白色的，不是一件易事。所以很多人在一阵热血沸腾之后，就把这件事抛诸脑后了。

一晃十年过去了，一天，园艺所意外地收到了一封热情的应征信和一粒纯白金盏花的种子。当天，这件事就不胫而走，引起轩然大波。

寄种子的是一个年逾古稀的老人，她是一个地地道道的爱花人，十年前偶然看到那则启事时，她便怦然心动，不顾子女反对，毅然地干了下去。她撒下了一些普通种子，精心侍弄。一年之后，金盏花开了，她从那些金色的、棕色的花中挑选了一朵颜色最淡的，任其自然枯萎，以获得最好的种子；次年，她又把它种下去，然后，再从这些花中挑选出颜色更淡的花的种子栽种……就这样，日复一日，年复一年。终于，在十年后的一天，她在花园中看到一朵金盏花，它不是近乎白色，也并非类似白色，而是如银如雪的白。

一个连专家都无法解决的问题，却在一个不懂遗传学的老人手中成为现实，这说明了什么？最初，那不过是一粒普通的种子，也许很多人都曾捧过它，不过，因为少了一份以心为圃、以血为泉的信念，少了一份对希望之花的坚持，很多人错过了生命中最美丽的一次花期。其实只要我们坚守信念，只要我们在心中种下一粒希望的种子，就一定会收获美丽。

成功与失败的分水岭

一个23岁的女孩子，除了爱想象之外，与别人相比没有什么不同，平常的父母，平常的相貌，上的也是平常的大学。

大学的宽松环境让她有了更多的时间去想象，她的脑海中常会出现童话中的情景：穿着白衣裙的芭比娃娃、蔚蓝的天空、绿绿的草地，当然，还有巫婆和魔鬼……他们之间有着许多离奇的故事，她常常动手把这些故事写下来，并且乐此不疲。

在大学里，她爱上了一个男孩，他的举止和言谈真的和童话里的王子一样，他是她想象中的"白马王子"，她很爱他。但是，他却受不了她脑海中那荒唐的不切实际的想法。她会在约会的时候突然给他讲述一个刚刚想到的童话，他烦透了这样"幼稚"的故事。他对她说："天啊，你已经23岁了，但你看起来永远都长不大。"他弃她而去。

失恋的打击并没有停止她的梦想和写作。25岁那年，她带着改变生活环境的想法，来到了她向往的具有浪漫色彩的葡萄牙。在那里，她很快找到了一份英语教师的工作，业余时间继续写她的童话。

一位青年记者很快走进了她的生活，青年记者幽默、风趣而且才华横溢。

她爱上了他，他们很快步入了婚姻的殿堂。但她的奇思异想让他也无法忍受，他开始和其他姑娘来往。不久，他们的婚姻走到了尽头，他留给她一个女儿。

她经受了生命中最沉重的一击。祸不单行的是离婚不久，她又被学校解聘了。无法在葡萄牙立足的她只得回到了自己的故乡，靠社会救济金和亲友的资助生活。但她还是没有停止她的写作，现在她的要求很低，只是把这些童话故事讲给女儿听。

终于有一次，她在英格兰乘地铁，她坐在冰冷的椅子上等晚点的地铁到来，一个人物造型突然涌上心头。回到家，她铺开稿纸，多年的生活阅历让她的创作热情一发不可收。

她的长篇魔幻故事《哈利·波特》问世了，并不看好这本书的出版商出版了这本书，没想到，一上市就畅销全国，销量达到了数百万册之巨，所有人都为此感到吃惊。

她的名字叫乔安娜·凯瑟琳·罗琳，她被评为"英国在职妇女收入榜"之首；被美国著名的《福布斯》杂志列入"100名全球最有权力的名人"，名列第25位。

每个人都会有想象，但想象最终总被岁月无情地夺去，只留下苍白而又简单的色彩。人们总是认为梦想与成功之间的距离遥不可及，其实并不是如此，成功与失败的分水岭就是能否把自己的想象坚持到底。

8

第 八 辑

所谓未来：

希望会使你年轻，
因为希望和青春是同胞兄弟

希望是人生的狂想，激情而不失仰望；希望是今晨的阳光，温暖且就在身旁。怀揣理想，拥抱希望！年轻的你我就能展翅飞翔！

真相

多年前，一位韩国学生到剑桥大学进修心理学课程。在喝下午茶的时候，他常到学校的咖啡厅或茶座室听一些成功人士聊天。这些成功人士包括：诺贝尔奖获得者、某一些领域的学术权威，以及一些创造了经济神话的人。这些人幽默风趣，举重若轻，都把自己的成功看得非常自然和顺理成章。久而久之他发现，在韩国国内时，他被一些成功人士欺骗了。那些人为了让正在创业的人知难而退，普遍把自己创业时的艰辛夸大了，也就是说，他们在用自己的成功经历吓唬那些还没有取得成功的人。

作为心理系的学生，他认为很有必要对韩国成功人士的心态加以研究。于是，他把《成功并不像你想象的那么难》作为毕业论文，提交给现代经济心理学的创始人威尔·布雷登教授。布雷登教授阅读以后，大为惊喜，他认为这是个新发现，这种现象虽然在东方甚至在世界各地普遍存在，但此前还没有一个人大胆地提出来并加以研究。惊喜之余，他写信给他的剑桥校友——当时韩国政坛第一人——朴正熙。他在信中说："我不敢说这部著作对你有多么大的帮助，但我敢肯定它比你的任何一个政令都能产生震动。"

后来这本书果然伴随着韩国的经济起飞了。这本书鼓舞了许多人，因为它从一个新的角度告诉人们：成功与艰难困苦联系不大，而事实上，只要你对某一事业感兴趣且你在这方面不是白痴，那么持之以恒就会成功，因为上帝赋予你的时间和智慧足够你圆满地做完一件事情了。后来，这位青年也获得了成功，他成了韩国泛业汽车公司的总裁。

成功虽然不是什么轻而易举的事，但也不一定非要"上刀山，下火海"。你要相信自己，相信自己可以有美好的将来——只要你肯敲门、肯尝试、肯努力，成功没你想的那么难。

让自己活得有价值

多年前，尼克·胡哲的父母原本满心欢喜地迎接他们的第一个儿子，却万万没想到会是个没有四肢的"怪物"，连在场医生都惊呆了。那么尼克现在变成什么样子了呢？他凭借顽强的意志和乐观的信念，在全球演讲，鼓舞人心，并于2005年获"澳洲年度青年"称号，2008年起又开始担任国际公益组织"没有四肢的生命"的CEO。

第一次见到尼克·胡哲的人，都难免被他的相貌所震惊：尼克就像是一尊素描课上的半身雕像，没有手和脚。不过，尼克并不在意人们诧异的表情，他在自我介绍时常以说笑开场。

"你们好！我是尼克，生于1982年，澳大利亚人，周游世界分享我的故事。我一年大概飞行一百二十多次，我喜欢做些好玩的事情来给生活增添色彩。当我无聊时，我会让朋友把我抱起来放在飞机座位上的行李舱中，我请朋友把门关上。那次，有位老兄一打开门，我就'嘣'地探出头来，把他吓得跳了起来。可是，他们能把我怎么样？难道用手铐把我的'手'铐起来吗？

"我喜欢各种新挑战，例如刷牙，我把牙刷放在架子上，然后靠移动嘴巴来刷，有时确实很困难，也很挫败，但我最终解决了这个难题。我们很容易在第一次失败后就决定放弃，生活中有很多我没法改变的障碍，但我学会积极地看待，一次次尝试，永不放弃。"

尼克的生活完全能够自理，独立行走，上下楼梯，洗脸刷牙，打开电器开关，操作电脑，甚至每分钟能击打 43 个字母，他对自己"天外飞仙"一般的身体充满感恩。

"我父母告诉我不要因没有的生气，而要为已拥有的感恩。我没有手脚，但我很感恩还有这只'小鸡腿'（他的左脚掌及上面连着的两个趾头），我家小狗曾误以为是鸡腿差点吃了它。

"我用这两个宝贵的趾头做很多事，走路、打字、踢球、游泳、弹奏打击乐……我待在水里可以漂起来，因为我身体的 80％是肺，'小鸡腿'则像是推进器；因为这两个趾头，我还可以做 V 字，每次拍照，我都会把它翘起来。"说着说着，他便翘起那两个趾头，绽出满脸笑容——Peace！

尼克的演讲幽默且极具感染力，他回忆出生时父母和亲友的悲痛、自己在学校饱受歧视的苦楚，分享家人和自己如何建立信心、经历转变。他说："如果你知道爱，选择爱，你就知道生命的价值在哪里，所以不要低估了自己。"在亲友支持下，他克服了各种困境，并通过奋斗获得会计和财务策划双学士学位，进而创办了"没有四肢的人生"（Life Without Limbs）非营利机构，用自己的生命见证激励众人，如今他已经走访了 24 个国家，赢得全世界的尊重。

我们的人生应该像河流一样，虽然生命曲线各不相同，但每一条河流都有自己的梦想——那就是奔腾入海。只是很多人不做河流，反而去做那泥沙，让自己慢慢地沉淀下去。是的，沉淀下去，或许你就不用再为前进而努力了，但是从此以后你却再也不见天日。

凡事应抱有无比信心

林子里有一棵大槐树，树下，住着一只大蜗牛。

这只大蜗牛从来没有出过门，也不知道外面的天地有多大。

有一天，一只小鼹鼠路过，被大蜗牛叫住了："喂，小兄弟，你跑得比我快，一定知道外面的好多事情吧。"

小鼹鼠吱吱地叫着说："外面的天地可大啦！你听说过泰山吗？

那儿高有八万尺，草木森森，气候温和，有许多你喜欢吃的东西，还有……"小鼹鼠绘声绘色地说了一通。其实，它也从来也没去过，都是听别人说的。大蜗牛被小鼹鼠说得心里痒痒的，也想到外面去做一番旅行，看看大千世界到底是什么样的。但是，他不知道先到哪里去好，于是去请教见多识广的苍鹰。

"听说东方有座泰山，那儿风光秀丽，还可以观赏日出，"大蜗牛说，"苍鹰大哥，我想先上那儿去做一次长途旅行，你说好吗？"

"很好，很好！"苍鹰回答说，"不过从这儿到泰山脚下，按照你现在的走路速度，最快也要两千多年，不知道你有没有决心……"

"啊。"大蜗牛大吃了一惊。它可没有想到泰山那么遥远，它还以为泰山最多也不过一两天路程呢。"泰山我不去了，我想我还是到江汉平原那一带去吧，那儿的土壤肥沃，物产丰富，一定是个不错的地方。"

"这当然是件好事，"苍鹰说，"不过，从这儿去江汉可不容易啊，你要渡过九条河流。以你那样的速度，至少也得走 3000 年哩。"

大蜗牛听了，不禁缩紧了头颈。

它想，从我的祖爷爷到我的老爸爸，哪有一个蜗牛，能活这么长的时间呀？

"老弟，你还想上哪儿去？"苍鹰还在热情地招呼着大蜗牛。

"不去了，不去了。"大蜗牛哭丧着脸说，"要走这么多日子，我才不干呢！"

苍鹰飞走了。

大蜗牛懒洋洋地待在蓬草上。

几只蝼蚁看见了都嘲笑大蜗牛自暴自弃。

若抱有无比的信心，就可以缔造一个美好的未来。蜗牛曾经有一个很大的目标，但最终都因为怕受到失败的打击放弃了。世界上的奇迹都不是随随便便成功的，只有对自己抱有无比自信的人，才配品尝胜利的果实。即使失败了，我们也还收获了沿途的美丽风景。

希望的种子

有个突然失去双亲的孤儿，生活过得非常贫穷，今年唯一能让他熬过冬天的粮食，就只剩下父母生前留下的一小袋豆子了。

但是，此刻的他，却决定要忍受饥饿。他将豆子收藏起来，饿着肚子开始四处捡拾破烂，这个寒冬他就靠着微薄的收入度过了。也许有人要问，他为什么要这么委屈或折磨自己，何不先用这些豆子充饥，熬过了冬天再说？

或许，聪明的人已经猜到了，原来整个冬天，在孩子的心中充满着播种豆苗的希望与梦想。

因此，即使这个冬天他过得再辛苦，他也不曾去触碰那袋豆子，只因那是他的"希望种子"。

当春光温柔地照着大地，孤儿立即将那一小袋豆子播种下去，经过夏天的辛勤劳动，到了秋天，他果然得到丰富的收获。

然而，面对这次的丰收，他却一点也不满足，因为他还想要得到更多的收获，于是他把今年收获的豆子再次存留下来，以便来年继续播种、收获。

就这样，日复一日，年复一年，种了又收，收了又种。

终于，孤儿的房前屋后全都种满了豆子，他也告别了贫穷，成为当地最富有的农人。

在人生的征途上，我们需要保留的东西有很多，这其中有一样千万不能遗忘，那就是希望。希望是宝贵的，它犹如孕育生命的种子，可以随处发芽。只要抱有希望，生命便不会枯竭。凡是看得见未来的人，也一定能掌握现在，因为明天的方向他已经规划好了，知道自己的人生将走向何方。

命运线在哪里

一次，去拜会一位事业上颇有成就的朋友，闲聊中谈起了命运。我问：这个世界到底有没有命运？他说：当然有啊。我再问：命运究竟是怎么回事？既然命中注定，那奋斗又有什么用？

他没有直接回答我的问题，但笑着抓起我的左手，突然，他对我说：把手伸好，照我的样子做一个动作。他的动作就是：举起左手，慢慢地而且越来越紧地握起拳头。末了，他问：握紧了没有？我有些迷惑，答道：握紧啦。他又问：那些命运线在哪里？我机械地回答：在我的手里呀。他再追问：请问，命运在哪里？我如当头棒喝，恍然大悟：命运在自己的手里！

他很平静地继续道：不管别人怎么跟你说，记住，命运在自己的手里，而不是在别人的嘴里！这就是命运。当然，你再看看你自己的拳头，你还会发现你的生命线有一部分还留在外面，没有被握住，它又能给我们什么启示？命运绝大部分掌握在自己手里，但还有一部分掌握在"上天"手里。古往今来，凡成大业者，"奋斗"的意义就在于用其一生的努力去争取。

NBA最矮的篮球运动员有一个孩子从小就热爱篮球运动，并且和所有热爱篮球运动的美国孩子一样，他希望有朝一日能够参加NBA的比赛。

孩子拥有这样的梦想本来是一件值得人欣慰的好事，可是孩子的父母却从一开始就劝告他要打消这个念头。周围的邻居们听到孩子的这个愿望也都付之一笑，他们难道是要存心打击一个年幼孩子的梦想吗？

也许他们并不是要故意打击这个孩子。在他们看来，自己的劝告纯粹是善意的，因为这个孩子的梦想是永远都不可能实现的。为什么大家都这样看待孩子的梦想，甚至连平时最疼爱孩子的父母也这样想呢？原来这个孩子一直以来都比同龄人矮小得多，以他的身体条件也许可以把打篮球当成一种业余兴趣，但要想成为NBA比赛的篮球巨星无异于白日做梦。

但是这个孩子却不肯接受人们的建议放弃这个梦想，即使是白日梦他也要奋力一搏。这个孩子渐渐长大成人了，他的梦想依然没有改变。

为了实现这个梦想，他一直以来都坚持不懈地练习投篮、运球、传球等技巧，同时也加紧对体能的锻炼，几乎每天人们都能看到他在球场上与不同的人进行篮球比赛。凭着长期以来的锻炼，他的篮球比赛技能已经为自己赢得了很多荣誉，但是尽管如此，人们还是对他要参加NBA比赛的梦想嗤之以鼻，这是因为已经长大成人的他，个子也不过一米六。一米六高的个子想去参加NBA比赛，这在所有人眼中都是一个笑话，但是他本人却认定了自己的理想，并且决定一步一步地向着这个理想迈进。

　　他用比一般人多出几倍的时间来练习篮球技巧，而且每一次练习他都投入百分之百的精力。

　　功夫不负有心人，他终于成为镇上有名的篮球运动员，代表全镇参加过无数次比赛；后来他又成为全州最出色的全能篮球运动员之一，而且还是最佳的控球后卫；再后来，他成了 NBA 夏洛特黄蜂队的一名球员。虽然他的个子创造了有史以来 NBA 球员身高最矮的纪录，但是他却成为 NBA 表现最杰出、失误最少的后卫之一，不仅控球技术一流、远投神准，甚至还可以凭借不可思议的跳跃能力拦截身高两米多的球员的传球。他在球场上更引人注目的是灵活迅速的行动速度，有一位篮球评论员称他的速度"就像一颗旋转中的子弹一样"。

　　说到这里，也许一些熟悉 NBA 比赛的人已经知道他的名字了，他就是博格斯——NBA 历史上个子最矮的篮球运动员。

　　"不可能"只是懒惰者和懦弱者的借口，是人们主观上对希望的放弃和对自身潜力的限制。

　　抛开所有"不可能"的局限，奇迹就会发生。

持续沸腾的水

　　从小他就不喜欢在人前说话，口吃让他生活在阴影里。孤寂的日子里，他爱上了音乐，他发现唱歌比说话更有意思。

　　一个口齿伶俐的人学习唱歌都不是简单的事，更何况他连话都说不流畅。但他心中的渴望融进了血液，他发了疯似的拼命练习。

终于有一天，动人的歌词从他嘴里飘了出来，没有一丝的磕绊。这年，他18岁了。他参加了一个歌唱选秀比赛，并凭借动人的嗓音一举夺魁。他叫哈里森·克雷格，第二季《澳大利亚好声音》歌唱比赛的冠军，一个严重口吃患者。

记者问他成功的秘诀，他说："闷在水壶里的水要想探出头，就只能让水沸腾起来，冲开盖子。我只不过是把百分百的热情和努力都投入了进去，让自己沸腾起来，冲破盖子。"

记者又问："那盖子要一时冲不开呢？"

他笑了，说："让水持续沸腾着，总会把盖子冲开，发出成功的啸叫。"

如果说命运故意为难我们加一个让人痛苦的盖子，那么追寻梦想的心就是火，行动就是让火不停歇燃烧的柴。只要我们不懈地努力，终究会把生活这锅水烧沸腾，顶开加在上面的苦难盖子。

没有伞的孩子就得拼命奔跑

有这样一个男人，他21岁那年从外地来到北京拜师学艺，但事情发展得并不尽如人意。后来，他和几个朋友成立了一个小俱乐部，像街头卖艺一样维持生计。那个时节，他住在北京郊区，距市中心足有一个多小时的车程，为了省点钱，他连公交都舍不得坐，每天就靠脚踏车代步，足足多花三四个小时的时间。可就算是这样，他也从没耽误过一次学艺或演出。

然而，命运似乎总爱与人开玩笑，挫折一次次来袭，成功似乎遥不可及。有一次，他仍像平时一样到深夜才骑车回家，可刚骑出没多远，他就突然发现自行车的链子掉了下来。午夜的街道上，公交车已经停运，而且他也没钱打的。第二天下午还有一场重要的演出，他脚一跺，牙一咬，把自行车扔在路边，硬着头皮向郊外的出租屋走去。

正值秋雨绵绵的季节，天色微微发亮的时候他才浑身上下湿漉漉地回到住处，头晕目眩的他一头栽倒在床上，发起了高烧，他心里清楚，这样下去非出事不可。于是，勉强支撑起身体，翻箱倒柜地找出一个破传呼机，拿到街上卖了十多块钱，买了两个馒头和几包感冒药，硬是挺了过去。

当他下午面色蜡黄地赶到演出地点的时候，他的搭档吓了一跳，连忙问他出了什么事，他笑着说了昨晚的遭遇。看着他憔悴的面庞，搭档的眼泪在眼眶里直打转，轻轻拍了拍他肩，什么也没说，搀扶着他走上了前台。

几年以后，当他已经红透了大江南北，有人把他当年的这些故事挖掘出来，问他为什么能坚持到现在？他微笑着回答："我小的时候家里穷，那时候在学校一下雨别的孩子就站在教室里等伞，可我知道我家没伞啊，所以我就顶着雨往家跑，没伞的孩子你就得拼命奔跑！像我们这样一无所有的人，你还不拼命工作，拼命奔跑，那活着还有什么意思？"

当大雨来时，奔跑不单单是一种能力，更是一种态度，这种态度将决定你人生的高度。

你不能躲起来等雨停，因为雨停了或许天也就黑了，那时候你的路会更难走；你没有办法等待雨伞，因为你没有雨伞，也没有人会给你送伞。所以，你只能选择奔跑，而且是努力奔跑，玩儿了命似的奔跑，因为跑得越快，被淋得时间就越短。

还有一个梨

他是一位徒步穿行大漠的勇者，计划用一个月时间走完这片沙漠。二十多天过去了，旅途一直很顺利，食物和水看来也还充足。

"我很快就能成功走出这片沙漠了。"他高兴地想着。但是沙漠可从来不会照顾行者，他这个念头还没来得及消失，铺天盖地的沙暴就起来了。他赶紧用衣服蒙住头，伏在沙地上。约莫过了十来分钟，沙暴才过去。当他抖抖衣服站起来时，发现了让人绝望的事：装有食物和水的背包被沙暴卷走了。

现在，他只剩下一个梨了，这个梨是他在沙暴到来前刚拿出来还没来得及吃的。他把梨紧紧攥在手里："哦，情况还不算太坏，至少我还有一个梨。"他这样想着，决心走出这片沙漠。

一天一夜很快过去了，大漠看起来依然茫茫无际，饥饿、干渴、疲惫以及对死亡的恐惧如同魔鬼一样缠着他。但是每逢崩溃的边缘，他都强迫自己盯着那个一直舍不得吃的梨子看："情况不算太坏，至少我还有一个梨。"

一个小小的梨，成了他活命的希望，成了他勇气的来源。虽然三天后，当看到不远处的村落时他晕倒了，但是毕竟他走出了大漠，也活了下来。

保存希望是最佳的胜利武器，永远不要告诉自己"什么都没有了"。因为只要努力地寻找，你总能找到那个帮你渡过难关的"梨"。

青春易逝，珍惜当下才能少些追悔"孩子，趁年轻，何不埋头苦干，以成就一番事业呢？"有位老人劝告一位少年。

少年满不在乎地回答说："何必那么急呢？我的青春年华才刚刚开始，时间有的是！再说，我的美好蓝图还未规划好呢！"

"时间可不等人啊！"老人说，并把少年引到一个伸手不见五指的地下室里。

"我什么也看不见啊！"少年说。

老人擦亮一根火柴，对少年说："趁火柴未熄，你在这地下室里随便选一件东西出去吧。"

少年借助微弱的亮光，四处努力辨认地下室的物品，还未等他找到一样东西，火柴就燃尽了，地下室顿时又变得漆黑一团。

"我什么也没拿到，火柴就灭了！"少年抱怨道。

老人说："你的青春年华就如同这燃烧的火柴，转瞬即逝。朋友，你要珍惜啊！"

人生说短不短，长寿者亦能活到百岁；说长不长，弹指一挥间。只是，青山遮不住，毕竟东流去，若是待走到生命的终点，才后悔所走过的人生，就为时已晚了。与其到那时后悔，不如今天多做一点，至少回首的时候苦乐参半，眼泪与笑脸并存。少一分遗憾，就多了一分回味。

等待

从前有个年轻的农夫，他要与情人约会。小伙子性急，来得太早，又不得不等待。他无心观赏那明媚的阳光、迷人的春色和娇艳的花朵，却急躁不安，不停地在大树下长吁短叹。

忽然他面前出现了一个声音："我知道，你为什么闷闷不乐。拿着这组扣向右一转，你就能跳过时间，要多远有多远。"

这倒合小伙子的胃口。他握着纽扣，试着一转：啊，情人已出现在眼前，还朝他送秋波呢。真棒嗳！他心里想，要是现在就举行婚礼，那就更棒了。

他又转了一下纽扣：

隆重的婚礼，丰盛的酒席，他和情人并肩而坐，周围管乐齐鸣，悠扬醉人。他抬起头，盯着妻子的眸子，又想，现在要是只有我们俩该多好！他悄悄转了一下纽扣：

立时夜深人静……他心中的愿望层出不穷。

我们应该有房子。他转动着纽扣：房子一下子飞到他眼前，宽敞明亮，迎接主人。我们还缺几个孩子，他又迫不及待，使劲转了一下纽扣：

日月如梭，顿时他已儿女成群。

站在窗前，他眺望葡萄园，真遗憾，它尚未果实累累。偷转纽扣，飞越时间。脑子里愿望不断，他又总急不可待，将纽扣一转再转。生命就这样从他身边急驶而过。还没来得及思索其后果，他已老态龙钟，衰卧藤榻。至此，他再也没有要为之而转动纽扣的力气了。回首往昔，他不胜追悔自己的性急失算：

我不注意德行，一味追求满足，恰如馋人偷吃蛋糕里的葡萄干一样。

眼下，因为生命已风烛残年，他才醒悟——即使等待，在生活中亦有其意义，唯其有它，愿望的实现才更令人高兴。

他多么想将时间往回转一点啊！他握着纽扣，浑身颤抖，试着向左一转。扣子猛地一动，他从梦中醒来，睁开眼，见自己还在那生机勃勃的树下等着可爱的情人，然而现在他已学会了等待，一切不安已烟消云散。他平心静气地看着蔚蓝的天空，听着悦耳的鸟语，逗着草丛里的甲虫。

等待是难耐的，也是很有意义的。我们在等待中行动，我们在等待中享有，正因为在等待时我们带着美好的愿望，我们才用心领悟到生命的真谛。人生本就是一个过程，我们不是在等待它的结束，而是在这过程中享受它的一切。

每次被拒绝的收入

美国国际投资顾问公司总裁廖荣典有个很有名的百分比定律。他认为假如会见十名顾客，只在第十名顾客处获得 200 元订单，那么怎样看待前九次的失败与被拒绝呢？他说："请记住，你之所以赚 200 元，是因为你会见了十名顾客才产生的结果，并不是第十名顾客才让你赚到 200 元，而应看成每个顾客都让你做了 200 ÷ 10 ＝ 20 元的生意。因此，每次被拒绝的收入是 20 元。当你被拒绝时，想到这个顾客拒绝了我，等于让我赚了 20 元，所以应面带微笑，敬个礼，当作收入是 20 元。"日本日产汽车推销王奥程良治也有类似的说法。他从一本汽车杂志上看到，据统计，日本汽车推销员拜访顾客的成交比率为 1 / 30。换言之，拜访的 30 个人之中，就会有一个人买车。此项信息令他振奋不已。他认为，只要锲而不舍地连续拜访了 29 位顾客之后，第 30 位就是准顾客了。最重要的，他觉得不但要感谢第 30 位买主，而且对先前没买的 29 位更应当感谢，因为假如没有前面的 29 次挫折，怎会有第 30 次的成功呢！

成功是有一定的概率分布的，关键看你能不能坚持到成功并始显现的那一点。

心愿石

有个年轻人，想发财想到几乎发疯的地步。每每听到哪里有财路他便不辞劳苦地去寻找。有一天，他听说附近深山中有位白发老人，若有缘与他见面，则有求必应，肯定不会空手而归。

于是，那年轻人便连夜收拾行李，赶上山去。

他在那儿苦等了五天，终于见到了传说中的老人，他向老者请求，赐珠宝给他。

老人便告诉他说："每天早晨，太阳未东升时，你到村外的沙滩上寻找一粒'心愿石'。其他石头是冷的，而那颗'心愿石'却与众不同，握在手里，你会感觉到很温暖而且会发光。一旦你寻到那颗'心愿石'后，你所祈祷的东西都可以实现了。"

青年人很感激老人，便赶快回村去。

每天清晨，那青年人便在沙滩上捡拾石头，发觉不温暖也不发光的，他便丢下海去。日复一日，月复一月，那青年在沙滩上寻找了大半年，始终也没找到温暖发光的"心愿石"。

有一天，他如往常一样，在沙滩开始捡石头。一发觉不是"心愿石"，他便丢下海去。一粒、两粒、三粒……突然，"哇……"的一声，青年人哭了起来，因为他刚才习惯地将那颗"心愿石"随手丢下海去后，才发觉它是"温暖"的！

机会降临眼前，很多人都习惯地让它从手上溜走，一旦发觉时，就后悔莫及了，"哭"和"早知道"都是没用的。

致青春

在席慕蓉的诗歌和张爱玲的小说影响下长大的辛夷坞，读过很多文学作品，近年来她迷上了网络小说。一个星期六的下午，辛夷坞又在看小说，突然一个念头冒了出来：要不然我也试着写点什么吧。想到哪做到哪，令她自己都没有想到是，当手指在键盘上跳跃时，她的思绪竟如长江之水绵绵不绝……

从第一次体验后令辛夷坞惊喜地发现，原来自己对文字竟有着一种本能的热爱。从此以后，辛夷坞的思维一直跳跃着，只要一有时间，她就坐在电脑前。

有一天朋友来访，无意之间看到了辛夷坞的创作，当时只写了八万字，可小说的情节已经将朋友深深吸引了，并鼓励辛夷坞将这些文字发表到网络上。辛夷坞有些诧异，她说："我只是写着玩的，还不知能不能写下去呢，再说如果不被认可会被骂的。"朋友问她："你既然有尝试写作的勇气，为什么就没有公之于众的勇气？文字也是有灵魂的，你把它们困在自己的电脑里，没有了读者，它们还有什么意义？"

朋友走后，辛夷坞的头脑中反复闪现朋友的话，最后，辛夷坞终于做出决定：贴几个章节试试。令她始料不及的是，她的文字大受好评，诸多网友都留言表达了自己的感受以及对小说人物的评价和猜想，大家都希望辛夷坞能够尽快更新。有了这些网友的肯定，辛夷坞信心大增，连续创作出27万字，点击率最终竟高达92万次。这本小说的名字是《原来你还在这里》，是辛夷坞出版的第一部言情小说。

一次偶然的尝试带给辛夷坞的是意想不到的惊喜，并激发了她强烈的创作欲望。2013年，《致我们终将逝去的青春》被改编拍摄成电影取得巨大成功后，辛夷坞也实实在在地成了金牌作家。

没有人知道自己有多大的潜力，没有尝试就没有成功。人的一生中，有三种东西不能使用过多，做面包的酵母、盐、犹豫。酵母放多了面包会酸，盐放多了菜会苦，犹豫过多则会丧失珍贵的机会。

五块钱的希望

　　美国海关有一批没收的脚踏车，在公告后决定拍卖。拍卖会中，每次叫价，总有一个十岁出头的男孩以"五块"开始出价，然后又眼睁睁地看着脚踏车被别人用30元、40元买去。拍卖暂停休息时，拍卖员问那小男孩为什么不出较高的价格来买。男孩说，他只有五块钱。拍卖会又开始了，男孩还是每次都以"五块"起价，当然脚踏车最后还是被别人竞走。慢慢地，聚集的观众开始注意到那个总是首先出价的男孩，越来越多的人对男孩竞价的结果产生了浓厚的兴趣。拍卖会快结束的时候，只剩一辆最棒的脚踏车，车身光亮如新，有多种排档、十段杆式变速器、双向手刹车、速度显示器和一套夜间电动灯光装置。这无疑是一辆难得的好车！拍卖员问："有谁出价？"

　　站在最前面，而几乎已经放弃希望的那个小男孩还是站起来，坚定地说："五块。"

　　此时拍卖会现场一片寂静。所有人屏住呼吸，静静地站在那儿等待着结果。

　　这时，所有在场的人全都盯着这位小男孩，没有人出声，没有人举手，也没有人喊价。直到拍卖员唱价三次后，他大声说："这辆脚踏车卖给这位穿短裤白球鞋的小伙子！"

　　此话一出，全场鼓掌。那小男孩拿出握在手中仅有的五块钱钞票，买了那辆毫无疑问是世上最漂亮的脚踏车时，他脸上流露出从未见过的灿烂笑容。

　　小男孩赢在了不放弃希望。而从另一个方面，我们看到了那些最后不愿出价的可爱的人。一定有人想要也有能力出到五块钱以上的金额以买下那辆崭新的脚踏车，可是大家却都很有默契地帮助小男孩完成了他的心愿，这不就是人性可爱又温暖的一面吗？

　　我们的生命当中，除了"胜过别人"、"压过别人"、"超越别人"之外，我们是否也可以把自己微弱的阳光照进别人的心房？当我们开着生命的窗迎进满室阳光的同时，更希望我们可以成为别人的太阳！